森林旅游和森林公园理论与实践系列

2018 行游国家森林步道

国家林业和草原局森林旅游管理办公室
北京诺兰特生态设计研究院 编著

中国林业出版社
CFPH

图书在版编目(CIP)数据

2018行游国家森林步道 / 国家林业和草原局森林旅游管理办公室，北京诺兰特生态设计研究院有限公司编著. -- 北京：中国林业出版社，2018.11（森林旅游和森林公园理论与实践系列）
ISBN 978-7-5038-9843-3

Ⅰ. ①2… Ⅱ. ①国… ②北… Ⅲ. ①国家公园－森林公园－公园道路－介绍－中国 Ⅳ. ①TU986.42

中国版本图书馆CIP数据核字(2018)第258124号

中国林业出版社·生态保护出版中心

策划编辑：刘家玲

责任编辑：刘家玲　肖　静

出版发行	中国林业出版社（100009　北京市西城区德内大街刘海胡同7号） http://lycb.forestry.gov.cn　电话：（010）83143519　83143616
印　　刷	固安县京平诚乾印刷有限公司
版　　次	2018年11月第1版
印　　次	2018年11月第1版
开　　本	787mm × 1092mm　1/16
印　　张	17
字　　数	400千字
定　　价	128.00元

《2018行游国家森林步道》

编辑委员会

前　言

国家森林步道用长长的脚印串起散落在中华大地的国家公园、自然保护区、森林公园、湿地公园、风景名胜区和地质公园等自然遗产地，以及古村镇等文化遗产地。徒步者沿自然小径、古道欣赏具有国家代表性的自然美景，体验荒野，在行走中亲身感受自然之美、人文之美。为满足大众日益增长的荒野徒步需求，2017年森林旅游节国家林业局推出5条国家森林步道，分别位于东北、华北、中部、华东和中南地区，为秦岭国家森林步道、大兴安岭国家森林步道、太行山国家森林步道、罗霄山国家森林步道和武夷山国家森林步道，总长度上万公里，单条步道上千公里，具有长跨度、高品质特性，是国家步道的重要线路。

国家森林步道推出后，各大媒体纷纷报道，社会反响强烈，2017年10月，《国土绿化》杂志将国家森林步道作为"封面聚焦"栏目，以"国家森林步道——脚步踏出的国家地标"为题，进行重点报道。2017年底，《中国科学报》评选出2017全国生态文明建设5件大事，其中，国家森林步道与国家公园、秦岭国家植物园、塞罕坝林场、土地覆被地图集并列成为我国2017年生态文明建设的五大标志性事件。2018年1月，《森林与人类》杂志为国家森林步道专门出版一期加厚版特刊进行宣传，体现出民众对森林步道的关注与热切期待。

《2018行游国家森林步道》一书，对5条国家森林步道沿途部分重要节点的自然景观、人文历史等做了描绘介绍，满足民众渴望深入了解国家森林步道的愿望。

国家森林步道充分体现国家代表性、自然荒野性和社会公益性，是国家基础建设的重要组成部分。为树立国家森林步道形象，进一步扩大国家森林步道的社会影响力，8月24日，国家林业和草原局森林旅游管理办公室正式启用"国家森林步道专用标识"，作为国家森林步道的统一形象符号，并于本书中首次使用。

本书得到了中国林业与环境促进会、北京益生同德投资有限责任公司的大力支持。书中使用了大量照片，在此对以上单位及图片提供者表示诚挚的谢意。

编辑委员会

2018年10月

国家森林步道
NATIONAL TRAIL

“国家森林步道专用标识”是国家森林步道的统一形象符号，由图形和文字构成。图形主体是深绿与浅绿的剪影，代表森林、草地和步道，象征步道途经森林、湿地、草原等自然生态系统；文字由中文“国家森林步道”和英文“NATIONAL TRAIL”组成，位于图形正下方。标志整体采用印章的样式，构图及色彩庄重、简洁，突出自然元素，内涵丰富。“国家森林步道专用标识”于8月24日由国家林业和草原局宣布启用，并于本书中首次使用。

前 言

C O N T E N T S
目录

目录

第一章

第一批国家森林步道概貌

一、第一批国家森林步道分布

国家森林步道是中华民族的地理地标、生态地标和文化地标。第一批发布的5条线路，位于我国东北、华北、中部、华东和中南地区，总长度上万公里。

国家森林步道用长长的脚印串起森林公园、自然保护区、湿地公园、国家公园等自然遗产地，以及古村镇等文化遗产。徒步者沿自然小径、古道欣赏具有国家代表性的自然美景，体验荒野。在行走中亲身感受自然荒野之美、人文之美。

为满足大众日益增长的荒野徒步需求，2017年国家林业局推出第一批国家森林步道，分别位于东北、华北、中部、华东和中南地区，总长度上万公里，单条步道上千公里，具有长跨度、高品质的特性，有秦岭国家森林步道、大兴安岭国家森林步道、太行山国家森林步道、罗霄山国家森林步道、武夷山国家森林步道。

在中华脊梁秦岭，走上国家森林步道，体验我国中部的自然荒野，领略厚重的传统文化。走上高高的兴安岭，从优美的疏林地带，穿越我国保持完好、面积最大的国有林区，走向祖国的最北端。在太行山上，穿行太行八陉，尽赏巍巍长城、千尺绝壁。罗霄山国家森林步道，红色文化遍布。沿着茶盐古道，春季，岭上开遍映山红，秋季，空中候鸟集结迁飞，场面壮观。沿武夷山国家森林步道，慢慢欣赏古村古居，品味大红袍的清香，饱览丹霞的美景。

在各地人民政府、社会机构、居民及志愿者的共同参与下，国家森林步道正稳步推进，描绘新的开篇，成为中华民族用脚步踏出的国家地标。

二、第一批国家森林步道简介

（一）秦岭国家森林步道

1. 概　况

秦岭国家森林步道东端从河南省镇平县起步，一路向西沿秦岭蜿蜒而行，从商南进入陕西省，经佛坪、老县城、太白山、黄柏塬、通天河后进入甘肃省，西端位于甘肃省临夏市，全长约2202km。秦岭陕西域内的地质断裂带是秦岭国家森林步道东西贯通的基础。

秦岭位于中国版图的几何中心，承东启西、连接南北，有中华脊梁之称，具有重要地位。古时，因战略地理优势，关中地区成为政治中心的首选之地，帝王将相辈出，秦岭亦被称之为“龙脉”，历史上是中华民族的政治地标。秦岭位于我国西高东低地势阶梯中第一到第三阶梯的过渡地带，是黄河和长江两大流域的分水岭，自西向东连接高原与平原，是中国南北方分界的地理地标。步道穿越区域是我国温带植物区系最丰富的地区之一，与南部秦岭一起构成中国的生态地标。秦岭历史文化古迹遗存灿若繁星，非物质文化遗产分布广泛，是华夏文明的发祥地和人类的摇篮之一，是我国重要的文化地标。

2. 自然与景观特色

秦岭国家森林步道途经13处国家森林公园、9处国家级自然保护区、1处国家公园——大熊猫国家公园、2处国家级风景名胜区、3处国家地质公园、1处世界文化遗产——麦积山石窟。步道在商南西南的金丝峡，沿凤县—镇安—西峡断裂带经过镇安到达佛坪，实现了秦岭国家森林步道中部线路的贯通。

秦岭国家森林步道东段位于河南省境内，为低山丘陵，向西山势逐渐升高，宽阔雄伟。步道沿线林海苍苍、流泉飞瀑、浑厚粗犷。宝天曼国家级自然保护区是河南省唯一的世界生物圈保护区，保存有我国中部地区最为完好的过渡带森林生态系统。伏

牛山国家级自然保护区，白云山国家森林公园地跨长江、黄河、淮河三大流域，既有北国山水的雄伟，又有南方山水的秀丽。

步道中段的陕西省境内是整个秦岭国家森林步道的核心区域，岩石高耸，陡峭的山峰无处不在，如乱斧劈成，古树参天，云雾缭绕的太白山是秦岭山脉最高峰，也是渭河水系和汉江水系分水岭最高地段，世界上仅存的孑遗植物——独叶草在太白山独有。本区域植物垂直自然带谱十分明显，落叶阔叶林自下而上过渡为针叶林，再向上变为高山灌丛，最后在山顶形成大片草甸或流石滩。此区域也是野生动植物的天然乐土，在28个自然保护区中秦岭国家森林步道串联其中的7个，包括太白山、佛坪、周至金丝猴、天华山、观音山、周至老县城、黄柏塬国家级自然保护区，秦岭“四宝”：大熊猫、朱鹮、羚牛、金丝猴及豹、金雕等珍稀野生动物，秦岭山区唯一生存的落叶松属植物太白红杉、秦岭冷杉等珍稀植物都在此生存，大熊猫种群数量及野外遇见率居全国之冠。此区域还是我国17个“具有全球意义的生物多样性保护关键地区”之一。陕西黑河国家森林公园是世界自然基金会生态旅游示范区，黑河水库也是西安重要水源地。

步道从黄柏塬一带翻越秦岭后，就从长江流域进入了黄河流域，也进入了甘肃省境内的秦岭西段，山体陡峭，谷深水急，因流水侵蚀，怪石嶙峋，犬牙交错。该区域主要为中国西部黄土高原向青藏高原过渡地带的亚高山针叶林，是干旱地区典型的森林生态系统，展现出从温带到寒温带的典型自然景观。步道沿线的甘肃和政古生物化石国家地质公园，被古生物学界誉为“东方瑰宝、高原史书”。

3. 历史与文化特色

秦岭国家森林步道沿途的文化极为深厚。秦岭自古就是文人墨客流连忘返之地，李白、杜甫、白居易、王维等人在秦岭留下了无数诗章。秦岭多峪口，自古以来就有通往南方各地的较大古道，包括峪谷道、陈仓道、褒斜道、傥骆道、子午道、武关道。然而较少有贯通东西的古道，秦岭国家森林步道似鱼脊骨，串联了这些古道。隐士文化是秦岭文化的标签之一，宗教人士、艺术家、思想家在此隐居，寻求生命真谛。大散关作为关中四大门户之一，是关中通往西南的唯一要塞，自古以来是巴蜀、汉中出入关中之咽喉，战略地位非常重要。周至老县城原为佛坪县城，始建于清道光五年，保留着许多清代遗迹，卵石堆砌成的老县城城墙，大监佛庙、城隍庙、文庙等建筑基址以及清代石碑、石刻。作为世界文化遗产以及国家森林公园的麦积山，以其精美的泥塑艺术闻名世界，被誉为东方雕塑艺术陈列馆，是丝绸古道上一颗耀眼的艺术明珠。

秦岭，承载着中华上下五千年的文化，是大地的史书，中国传统文化孕育、植根最深的原始根脉所在地，在我国荒野资源渐渐消失、传统文化被蚕食严重的今天，这座自古被视为“天下大阻”的秦岭，所留存的莽莽山岭和原汁原味的中国本土文化，是中华民族精神弥足珍贵的标本和根脉。踏上秦岭国家森林步道，体会历史的沧桑与变迁，对自然与传统文化产生一种高山仰止的崇拜之情。

（二）太行山国家森林步道

1. 概 况

太行山国家森林步道穿越我国华北地区，沿南北走向，串联京、冀、晋、豫四大省份全长约2200公里。位于我国大陆的第二、第三阶梯分界线，也是华北平原和黄土高原的天然分界线。是华北民众走向自然荒野的最近平台，充分展示区域自然风貌的天然窗口。步道沿中太行和南太行山脊两侧地貌迥异，形成千峰耸立、万壑沟深、太行绝壁的独特景观，温带天然林广泛分布。步道穿越太行山的8条咽喉通道——太行八陉，穿越“华北屋脊”佛教圣地五台山风景名胜区、世界文化遗产八达岭万里长城等中华地标及抗日战争八路军总部所在地，极具国家代表性。

森林步道北端起始于北京关沟古道（军都山），沿太行八陉中的军都陉向南向西蜿蜒而行进入河北省，再沿飞狐陉、蒲阴陉到达山西省，穿过井陉后再次进入河北省，沿晋冀边界行走至万壑耸立、绝壁丛生的峻极关后进入山西省南部，穿越滏口陉、白陉、太行陉后到达终点河南省济源市。

2. 自然与景观特色

森林步道途经11处国家森林公园、2处国家级自然保护区、1处国家公园、11处国家级风景名胜区、7处国家地质公园、3处世界自然和文化遗产地。

太行山国家森林步道沿途位于暖温带半湿润大陆性季风气候区域，四季分明，动植物资源丰富。太行山东侧是夏绿阔叶林，西侧为森林草原。北京境内的长城国家公园，每逢秋季，耀眼的黄栌，如片片红霞，绚烂缤纷。山西境内的五台山五峰环绕，形成独特的5个台顶自然奇观，地质地貌的多样性，造就了五台山生物的多样化，植被分布具有明显的垂直地带性，区域内植物595种，种类繁多。金莲花、迎红杜鹃为

中国独有。河北境内的驼梁风景区（南坨），被誉为太行山的“原始区”，这块太行山中的“绿宝石”，“凉、静、野、幽”，自然荒野原貌完好。方山国家森林公园山势雄伟、层峦叠嶂，峰顶坦地面积达到28000平方米，为北方山脉之罕见，俗称“神坪金顶”，是一处天然的植物大花园。太行山国家森林步道的最南端河南神农山风景区更有天下一绝的白松岭，15600余株白皮松姿态万千，生长于悬崖绝岭之巅。百花山国家级自然保护区作为最邻近步道的保护区，其暖温带华北石质山地次生落叶阔叶林生态系统在中国极具代表性和典型性。

3. 历史与文化特色

太行山国家森林步道不仅具有雄奇壮美的自然风光，还是北方民俗文化、历史文化和红色文化的聚集地。步道北端点军都陉，为太行八陉之一，山高谷深，雄关险踞，景色秀丽，是北京通往怀来、宣化、内蒙古草原的天然通道，自古为兵家必争之地。位于军都山关沟古道北口的北京八达岭长城，为世界文化遗产，该段长城地势险峻，居高临下，是明代重要的军事关隘和首都北京的重要军事屏障，也是万里长城精华所在。“不到长城非好汉”——长城作为世界级文化资源，是中华民族的象征，向世界展示中国历史文化的窗口。南边相邻的居庸关长城是从北面进入北京的古关城，有燕京八景之一“居庸叠翠”。世界文化遗产明十三陵是当今世界上保存完整、埋葬皇帝最多（13位）的墓葬群，具有极高的历史文物价值。古驿道——白陉，太行八陉中目前保存距离最长、最完整的商贸古道，从山西晋城市陵川县马圪当乡双底村到河南辉县薄壁乡，全程百余公里，白陉古道在春秋战国时期便已存在，迄今已有2550年的历史。太行山森林步道也是名副其实的红色之路，八路军总司令部和中共中央北方局等重要机关的长期驻扎太行山革命老区，一曲雄壮的“我们在太行山上”传诵至今。山西黄崖洞国家森林公园，当时是华北敌后我军最大的兵工厂，险峰耸立，林木吐翠。森林步道太行八陉之飞狐陉附近，有八路军出师华北抗日战场后首战大捷的平型关战役遗址。有“华北小延安”之称的山西阳泉南庄村，抗战时地道户户相通，长达4公里。佛教名山五台山是中国佛教四大名山之一，也是世界五大佛教圣地，三晋文化的重要组成部分。华严宗师李通玄在此著就人类文化登峰造极的《新华严经论》40卷。山西禹王洞国家森林公园，相传大禹曾在此系舟治水。洞内钟乳石形态万千，洞与洞之间九曲回环，有“华北第一溶洞”之誉。北京门头沟的爨底下村是清代后期的古村落，有明清建筑院落70余座，依山而建，高低错落，民风淳朴，是保留比较完整的山村古建筑群。南端点神农山国家森林公园，相传炎帝神农曾在这里设坛祭天。

“太行数千里，始于怀而终于幽，为天下之脊”。踏上太行山国家森林步道，绝壁长崖、飞瀑流泉、突兀塔峰的震撼美景将成为徒步者心中永恒的风景，而坚韧的太行精神也将伴随着徒步者一直向前。

（三）大兴安岭国家森林步道

1. 概 况

大兴安岭国家森林步道沿大兴安岭山脉以东北—西南走向蜿蜒。南起大兴安岭最高峰黄岗梁（内蒙古克什克腾旗），北至我国最北端漠河，全长3045公里。大兴安岭位于我国第二阶梯第三阶梯结合部，西高东低，属低山丘陵地带，是内蒙古高原与松辽平原的分水岭，也是黑龙江源头。步道北段的兴安落叶松林是欧亚大陆北方针叶林的一部分，属于东西伯利亚南部落叶针叶林沿山地向南的延伸。大兴安岭林区是我国保持完好、集中连片、面积最大的国有林区，森林资源得天独厚。最北部林区未经开发，仍保持着原始状态。最北端漠河是我国观测北极光的最佳之地。步道中段拥有亚洲最完整、面积最大的火山地貌景观及矿泉群奇观，林缘线清晰、森林景色壮美。步道南段山峦起伏、疏林优美，是第四纪冰川遗迹的绝佳观赏地。步道沿途能体会到浓烈的森工文化、蒙古族文化、使鹿文化，也是鲜卑文化、契丹文化的发祥地。

2. 自然与景观特色

森林步道途经12处国家森林公园、9处国家级自然保护区（包括2处世界生物圈保护区）、1处国家级风景名胜区和2处国家地质公园。

大兴安岭地区气候湿润，步道北段是以落叶松为主的寒带山地针叶林带，往南经针阔混交林带逐渐过渡到以蒙古栎为主的温带丘陵阔叶林带。大兴安岭东坡山势陡峭，连接松辽平原，雨水充足,多分布针阔混交林和阔叶林，西侧地形起伏平缓，向蒙古高原逐渐过渡，气候较为干旱，混有多种蒙古植物区系成分。步道将高纬度地区的寒温带明亮针叶林生态系统与中纬度的山地丘陵生态系统的精华完整地向徒步者展现，也是大兴安岭国家森林步道的魅力所在。

步道沿途的北极村国家森林公园是中国大陆最北端的森林公园，地处大兴安岭

山脉北麓七星山脚下，与俄罗斯隔江相望，是我国观赏北极光和极昼的最佳之处。恩和哈达山位于额尔古纳河、石勒磘河、黑龙江交汇口右岸，是黑龙江源头，大部分区域是人迹罕至的兴安落叶松原始林。在步道北段的根河至乌尔旗汉段，可尽情领略大兴安岭作为根河、甘河、海拉尔河、诺敏河、毕拉河、北大河等河流发源地的壮观场面。走上岭脊，徒步者能够瞭望呼伦贝尔草原和嫩江平原。步道中段的红花尔基樟子松国家森林公园以四季常青的沙地樟子松林和浩瀚无垠的草原湿地景观为主，兼有连绵逶迤的冈峦山岭，湖光山色景色宜人。沿途的阿尔山矿泉群，属火山性矿泉，共计73眼，是世界上面积最大、分布最集中的矿泉群。石塘林被誉为“世界火山博物馆”，是亚洲最大的近期死火山地貌，林中怪石嶙峋，令人叹为观止。石塘林地质构造、土壤、植被生物区均保持原始状态，生物多样性复杂，再现了低等植物到高等植物的演替全过程。步道南段的赛罕乌拉国家级自然保护区属大兴安岭南部山地的典型地段，北高南低逐渐向丘陵和平原过渡，沙地疏林呈现出与北段迥异的景观，同时也被纳入世界生物圈保护区。克什克腾世界地质公园自第四纪以来发育过多期古冰川，在青山上遗留下了近千个保存完整的古冰臼，是世界上罕见的大型古冰臼群。黄岗梁是大兴安岭的最高点，境内山势高峻，自然景观丰富多样，在几十平方公里的范围内集山地、丘陵、沙地、河谷、湖泊、草原、丛林、疏林草地多种地形、地貌及植物景观于一体，黄岗梁还保存了第四纪冰川最完整的形态，是典型的山谷冰川。

3. 历史与文化特色

大美磅礴的气质之中，大兴安岭国家森林步道承载着深厚的文化底蕴。蒙古先民、成吉思汗的先祖乞颜部及捏古思部迁徙到额尔古纳河中部流域，逐步发展为“蒙兀室韦”，后向西迁至草原地带，进而问鼎中原。步道南段的赛罕乌拉是辽王朝至高无上的圣山，当时的统治中心，也是契丹族的“国魂”所在。由于赛罕乌拉神圣的宗教地位，辽王朝有5代皇帝均埋葬于此。大兴安岭最北部还保留着“中国最后的使鹿部落”——敖鲁古雅鄂温克猎民乡，当地猎民以饲养驯鹿和狩猎为生，是鄂温克族最远也是最神秘的一个支系部族，是中国使鹿文化的唯一传承地。兴安岭隧道“螺旋展线”始建于1901年，是中东铁路较大的建筑工程之一，位于呼伦贝尔市牙克石境内滨洲线，以迂回山麓，绕行2公里多螺旋形展线，是中东铁路最精彩的一段。半个多世纪的森工历史积淀出难以磨灭的森工文化，“奉献”是森工人的精神标签，“热情”是林区人的独有特点。

大兴安岭国家森林步道展现着宛如版画般的北国风光，“走上高高的兴安岭，我站在山峰上也成了挺拔的青松和亮丽的风景！”。

（四）罗霄山国家森林步道

1. 概　况

罗霄山国家森林步道穿越湖南、江西两省，呈南北走向，全长约1400公里。罗霄山脉是湘、赣两省的天然分界线，也是湘江和赣江的分水岭，主要山峰海拔多在1000米以上。其中著名的山峰有幕阜山、武功山、井冈山、万洋山及八面山等。罗霄山国家森林步道沿线群山巍峨、层峦叠嶂、气势恢弘，千年鸟道也从此经过。步道不仅自然景观瑰丽雄奇，人文内涵也极为深厚。红色文化更是罗霄山国家森林步道的一抹明丽色彩，步道沿途的萍乡安源是中国工农革命军的发祥地，井冈山则被称为“中国革命的摇篮”，在这里毛泽东同志开辟了“以农村包围城市，以武装夺取政权”的中国特色的革命道路。幕阜山、武功山更是宗教圣地，幕阜山古称道教第二十五洞天，武功山佛教开山于唐，盛于唐，为湘赣著名道佛胜地。

2. 自然与景观特色

罗霄山国家森林步道途经12处国家森林公园、4处国家级自然保护区和2处国家级风景名胜区。

罗霄山国家森林步道穿越区域处中亚热带东部季风湿润气候带，亚热带阔叶林植物区系，森林植被类型有暖性针叶林、暖性针阔混交林、常绿阔叶林、落叶阔叶林、山顶矮林和竹林，植被垂直带谱明显。步道北段的幕阜山脉群山起伏、奇峰挺秀，与幽深古刹、云涛雾海相映成趣。五尖山国家森林公园内“五尖竞秀”，登上山峰，既能俯瞰洞庭之水，又可远观湖北山光。公园内森林覆盖率高于98%，林荫蓊郁、幽兰蔽径。中段的武功山脉怪石林立、涌泉飞瀑，形成了“峰、洞、瀑、石、云、松、寺”齐备的天然山色风光，十万亩的高山草甸连绵于海拔1600多米的高山之巅，与巍峨山势相映成辉。万洋山主峰南风面海拔达2120米，为赣西之屋脊，寒竹遍布，四季碧绿。万洋山北支井冈山国家级自然保护区内植被起源古老，有“第三纪型森林”之称，是世界上同纬度保存最完整的中亚热带天然阔叶林。井冈山也是杜鹃的重要分布

中心之一，映山红、井冈山杜鹃、猴头杜鹃等沿山脊可绵延数十里，每到5月，十里杜鹃，吐艳群山。南段的八面山脉“险如蜀道难”。著名的“千年鸟道”——遂川鸟道也成为罗霄山国家森林步道的一段，是全球候鸟迁徙八大线路之一，中国中部鸟道路线的正中位置，是候鸟跨越湘赣两省的必经之路，位于江西遂川县营盘圩乡与湖南省株洲市炎陵县下村乡接壤的牛头坳。该地区地形特殊，连绵的群山形成了一个东西贯通的凹形通道，出口是仅宽10公里的隘口，十分狭窄。每年“秋分”前后会出现一股从西北吹向东南的强大气流，沿着山势抬升，集结的候鸟休憩后藉气流飞跃隘口，秋季的夜晚，常可看到成群迁徙的候鸟在天空中飞翔，铺天盖地，十分震撼。

3. 历史与文化特色

罗霄山国家森林步道沿途红色文化以及佛道文化更是步道重要的标签。井冈山，中国第一个农村革命根据地，中国共产党开辟了“以农村包围城市、武装夺取政权”的具有中国特色的革命道路，成为中国革命的奠基石。在江西永新县三湾村举世闻名的“三湾改编”，从政治上和组织上保证了党对军队的绝对领导。湖南大围山国家森林公园则是传唱全国的歌曲“浏阳河”的发源地。途径的武功山，自汉晋起，被道、佛两家择为修身养性之洞天福地。幕阜山古称“天岳山”，曾是大禹治水的神山，也是我国最早有文字记载的国家天文与星占场所。此外，还有湘赣边界的著名古道——“茶盐古道”，古道起始点为湖南炎陵县石洲乡青石村，到达江西遂川县大汾镇，总里程约为150公里，建于300年前，是清代遗留的保存完好的“商业通道”。

踏上罗霄山国家森林步道，重温中国共产党诞生与成长初期的历史，层层叠叠的群山带给徒步者的不光是视觉上的震撼，还有红色江山来之不易的思考。

（五）武夷山国家森林步道

1. 概　况

武夷山国家森林步道南端位于福建省武平县梁野山，过江西上饶，经闽、赣、浙三省交界的仙霞古道和廿八都古镇，向北延伸到浙江省遂昌县九龙山。步道呈东北—西南走向，全长约1160公里。武夷山脉地势高峻雄伟，层峦叠嶂，许多山峰海拔均在1000米以上。主峰黄岗山海拔2158米，是华东大陆最高峰，有“华东屋脊”之称。武夷山丹霞地貌十分典型，是世界自然与文化遗产，武夷山国家公园地处山脉的核心位置，保存着极为完整的中亚热带常绿阔叶林，闽西地区生存繁衍着我国特有的华南虎。武夷山是世界著名的理学名山，文化特色鲜明，是客家文化聚集地，历史遗迹众多，拥有众多的古道、关隘坳口。中国工农红军发展史上及其重要的党代会曾在古田召开。

2. 自然与景观特色

武夷山国家森林步道途经12处国家森林公园、9处国家级自然保护区、1处国家公园——武夷山国家公园、4处国家级风景名胜区、3处国家地质公园和3处世界遗产。

浙江九龙山国家级自然保护区是华东地区植被保存最完好的地区之一，温暖湿润的气候条件和复杂的地形环境，使得其成为南北植物的汇流之区，也是许多古老孑遗植物的避难场所，植物区系呈现南北过渡、东西相承的特点。步道北段的武夷山国家级自然保护区为中亚热带中山山地自然生态系统，由于花岗岩的入侵，形成许多雄奇的峰岩及峡谷景观，峭壁千丈。因海拔高差大，植物呈垂直带分布明显，从低至高依次为毛竹林、常绿阔叶林、常绿落叶阔叶混交林、针阔叶混交林、针叶林、山顶苔藓矮林、山顶灌丛草甸。武夷山国家级风景名胜区，碧水丹山，天游峰削崖耸起、九曲溪深切蜿蜒，有“奇秀甲东南”之称，大红袍是武夷岩茶中的状元，武夷山大红袍的树龄已逾千年，现在九龙窠的绝壁上仅剩4株，极为名贵。

步道中段及南段以丹霞地貌为主，色如渥丹，灿若明霞，大自然的神来之笔，是我国同类地貌中山体最秀、类型最多、景观最集中、视域景观最佳的丹霞地貌景观区，其中泰宁丹霞被称为“中国丹霞故事开始的地方”。闽江源国家森林公园是闽江的发源地，该区是武夷山脉中亚热带森林生态系统保护区的重要组成部分，也是珍稀野生动植物的良好栖息地。国家级风景名胜区冠豸山平地拔起，山清水秀，与武夷山并称为“北夷南豸山，丹霞双绝”。福建梅花山国家级自然保护区被称为“八闽母亲山”，是闽西地区天然林最集中的地区，是“华南虎现存数量最多、活动最频繁的区域”。福建梁野山国家级自然保护区属中亚热带、南亚热带过渡区域，天然分布有近1万亩南方红豆杉林，为国内外罕见。

3. 历史与文化特色

武夷山国家森林步道沿线的人文积淀与其丹霞地貌景观同样吸引着世人。武夷山是三教名山，道教、佛教活动繁盛。武夷山曾是儒家学者倡道讲学之地，朱熹还创办了武夷书院。其朱子理学曾在东亚和东南亚国家中占据统治地位，并在哲学方面影响了世界。

客家文化也是这个区域最鲜明的文化特征，可在此体验围合而居的客家围屋。土地革命战争时期，武夷山脉中段及南段的上杭、建宁、泰宁、明溪等县曾是中央苏区的组成部分，毛泽东、周恩来等先后在这里进行过革命活动。福建省上杭县，著名的古田会议在此召开，确立了人民军队建设的基本原则是党指挥枪。

古镇、古村和古道也是武夷山国家森林步道沿途重要的文化标志。福建省邵武市和平古镇，是全国罕见的城堡式大村镇，也是中国迄今保留最具特色的古民居建筑群之一。福建省三明市的十八寨，深藏在偏僻山区，而得以幸存千年，为“中国历史文化名村”。武夷山脉因断层陷落，古河谷被抬升，形成众多的关隘坳口，成为福建、江西古道要塞，包括枫岭关、分水关等。仙霞古道是浙江衢州通往福建的古道，始于两千多年前，曾是北上中原的交通要道，后被拓宽为2～3米的“七尺官道”，是跨越仙霞山脉，沟通钱塘江和闽江水系的陆路连接线。

茂密的森林，如同丹霞地貌上的一块翡翠，徒步者踏上武夷山国家森林步道，尽情去领略碧水丹山、雄关险峡，欣赏大自然的鬼斧神工和中国国家公园的美丽。

第二章

秦岭国家森林步道

秦岭国家森林步道东端位于河南镇平县，西端甘肃和政县，全长2202公里。途经13处国家森林公园、9处国家级自然保护区、1处国家公园、2处国家级风景名胜区、3处国家地质公园、1处世界文化遗产。

秦岭位于中国版图的几何中心，有中华脊梁之称；是黄河和长江两大流域的分水岭，中国南北方分界的地理地标；是南北动植物荟萃、国宝大熊猫集中分布地；是中国的生态地标。这里历史文化与古迹遗存灿若繁星，又是华夏文化地标。

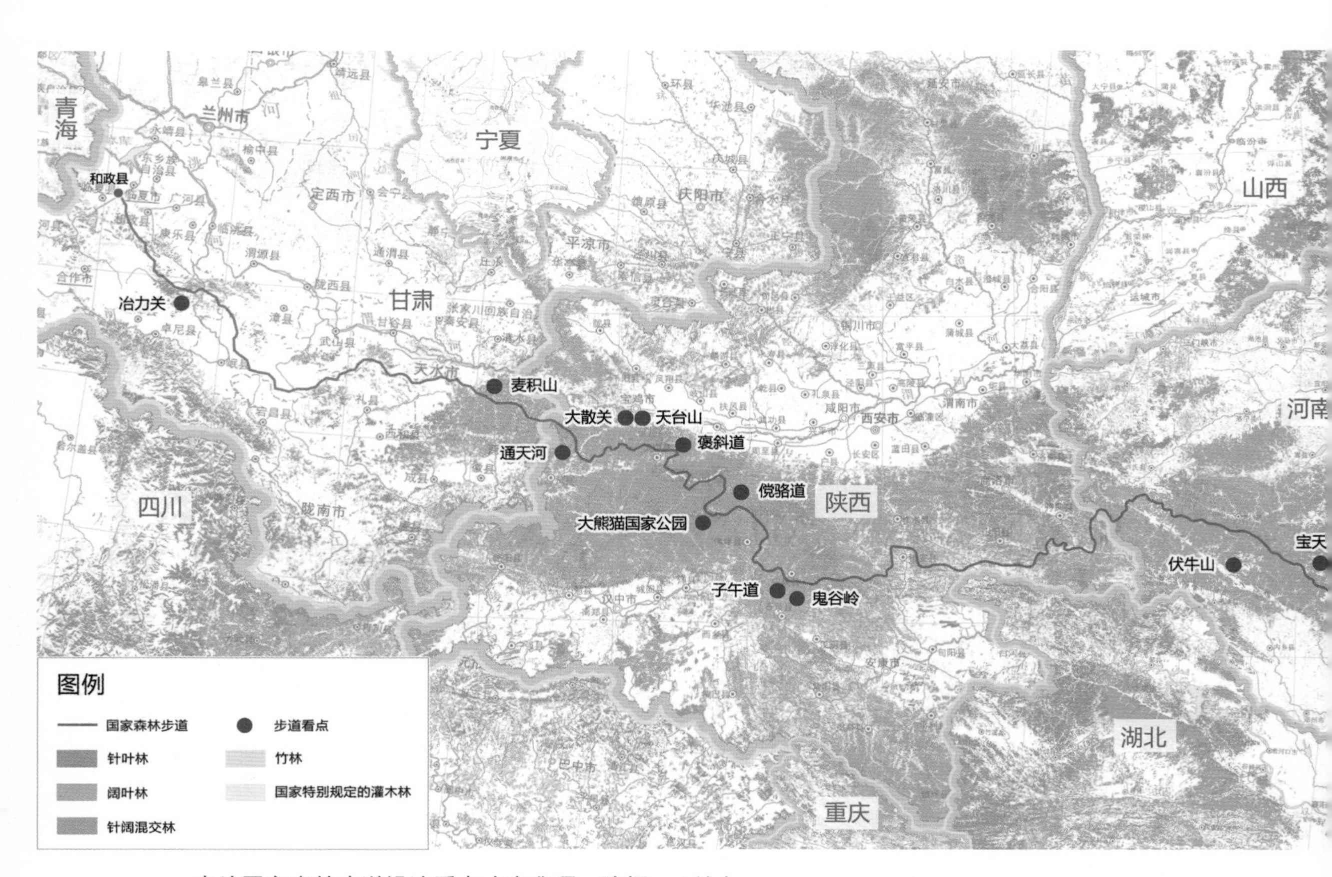

秦岭国家森林步道沿途看点（张兆晖　陈樱一 / 绘）

一、秋林胜境，物种宝库——宝天曼

河南宝天曼国家级自然保护区是秦岭国家森林步道沿线最东端的自然保护地，总面积9304公顷，以遮天蔽日的原始森林和众多的野生动植物而享誉世界；是河南省生物多样性的分布中心，也是我国中部地区保存最为完整的自然综合基因库，2001年被联合国教科文组织纳入“世界生物圈保护区”。

宝天曼是八百里伏牛山的第一门户。西汉时被称为“秋林峪”，百里无炊烟,鸟翔难飞过。隋唐时被誉为“秋林胜境”，茂林修竹之地、桐漆之乡。宝天曼山高谷深，峰峻崖险，飞瀑流泉，清水见幽，奇花异草，珍禽异兽，自然风光尽占风流。

秋林胜境

宝天曼位于中国第二级向第三级地貌台阶过渡的边缘，地质历史古老，地貌复杂，附近有闻名于世的恐龙蛋及骨骼化石群。宝天曼怪石嶙峋，主峰“宝天曼”海拔1830米，为保护区第一高峰，山高陡峭，幅员辽阔，登上顶峰，远近景色尽收眼底。清晨可观喷薄日出、云蒸霞蔚；雨后可见浩瀚无际的云海，使突出的山峰像大海中的岛屿，在汹涌的浪涛中忽隐忽现，景色瑰丽奇特；“骆驼峰”山脊的两处突尖形似骆驼，绝壁林立，连绵不绝，有“苍石连纵，飞鸟难渡”的雄壮气质；“牧虎顶”“姑娘楼”“华石尖”“雁翎刀”“过风崖”等奇峰怪石，浑然天成，神话与传说数不胜数。

骆驼峰全景（国家林业和草原局森林旅游管理办公室 / 供）

山高水远，绿水长流，宝天曼的水也别具特色——“久旱不断流，久雨水碧清。”秋林河谷为花岗岩构造的山谷，经过水流上万年的冲刷，形成魅力独特的地形、地貌以及生态结构，清澈的溪流随着谷底地势，形成高低不同、形态各异的瀑布、地潭，与周围山林相映成趣，构成一副奇妙的河谷景观。九曲三叠瀑、玉帘瀑、飞线瀑等25条悬崖飞瀑瀑瀑相连，或磅礴潇洒，或轻盈飞泻，疑是银河落九天，在“银河”中失散的水花，漫天浮游，置身其中，如沐春雨。玉龙潭、幻影潭等多处地潭风格迥异，潭水清澈见底，游鱼忽聚忽散，偶有树叶飘落水面，引来游鱼争抢嬉戏，正所谓“观鱼碧潭上，木落潭水清。”

物种宝库

宝天曼是北亚热带和暖温带地区天然阔叶林保存最为完整的地段，植被属北亚热带常绿阔叶林向暖温带落叶林过渡的典型代表，区内森林茂密，植被类型复杂，垂直带谱明显，物种资源丰富。保护区内共有高等植物2911种，占河南省高等植物总数的73%，其中列为国家重点保护野生植物的有连香树、太白冷杉、红豆杉等29种。瘿椒树在河南省其他地区尚无分布，是我国珍稀特有物种，起源于第三纪，它的家庭亲兄弟经第四纪冰川洗劫，多已消亡绝迹，唯独瘿椒树一种单传至今。区内有陆栖脊椎动物201种，列为国家重点保护野生动物的有金钱豹、大鲵、红腹锦鸡等48种。野生金钱豹有20余只，常出没在秋林山庄和蚂蚁沟一带，金黄色的皮毛上点缀着许多大小不等铜钱似的斑点，构成非常精美的图案。区内昆虫多达3000余种，仅蝶类就有162种，占河南省的80%。因此，宝天曼被誉为“天然物种宝库”。

宝天曼国家Ⅰ级重点保护野生动物——金钱豹（国家林业和草原局森林旅游管理办公室/供）

沿秦岭国家森林步道走进宝天曼，领略山雄、峰险、水秀、瀑飞、洞幽，感受百鸟争鸣，群兽嬉戏，鸣虫欢唱，彩蝶飞舞，令人叹为观止、惬意无限！

（文/李兵兵）

二、一山通古今，一脊分江河——伏牛山

河南伏牛山国家级自然保护区位于河南省南阳市和洛阳市，面积达56024公顷，位于秦岭国家森林步道东端。伏牛山地处秦岭造山带的重要构造部位，是研究大陆复合型造山带的“地质档案馆”，2006年被联合国教科文组织批准加入世界地质公园网络。伏牛山是中国亚热带和暖温带的分界线，又是中国长江、黄河、淮河三大水系的分水岭。

大地脊梁

伏牛山位于中国中央造山系东段，地处华北板块和扬子板块长期相互作用的主要区域，是秦岭造山带的俯冲碰撞、汇聚拼接、隆升造山的关键部位和地质遗迹保存最为系统、完整的区域，众多地质遗迹具有典型性、代表性、稀有性和国际对比意义。马山口板块缝合线、二郎坪裂陷小洋槽等地质遗迹，见证了华北板块和扬子板块的对接和碰撞，地壳的运动、岁月的更迭在这里高度浓缩。公园内存有的西峡巨型长形蛋、戈壁棱柱形蛋等为代表的恐龙蛋化石群，世界罕见，曾被称为“世界第九大奇迹”。“诸葛南阳龙”“河南宝天曼龙”等是全球恐龙动物群重要组成部分，伏牛山成为研究恐龙生殖习性、破解生物物种灭绝等重大问题的重要区域。长期的地质作用下，不同时期的花岗岩形成了老界岭“峰丛”、宝天曼“峰墙”、七星潭“摞摞石”、老君山“石林”等为代表的地貌景观，石灰岩则形成了鸡冠洞、天心洞等岩溶洞穴景观，充分展示了公园地貌景观多样性。世界地质公园评审委员会委员赵逊先生考察伏牛山时赞叹说：“这里的地质构造体现出南北两大区域的地质演变，反映的地质历史非常完整，可以说，这里是中华大地的脊梁。”

亚热带与暖温带的自然分界线

伏牛山是中国北亚热带和暖温带的气候分界线，沿秦岭国家森林步道登上八百里

峰林秋色（段万卿 / 摄）

伏牛山的主峰老君山马鬃岭，俯瞰群山，场景令人震撼，环绕于峰林之中蜿蜒曲折的万米栈道悬空而立，伸向浓郁的绿丛深处，就像飘落在万山丛中的一条玉带，忽高忽低，忽隐忽现，十里云接十里雾，令人叹为观止。从马鬃岭下来，有一个小平台，上面立有一座巨石，写着“黄河”“长江”。马鬃岭是黄河长江两大水系的分水岭，是中国气候的分界岭。岭南是亚热带气候带，所有的河流都注入长江；岭北是暖温带气候带，所有的河流都注入黄河。“岭界南北兮，水分两川；南通汉江兮，北发伊源；中汇河洛兮，一脉中贯；呼啸入海兮，浩波荡烟！”在这一石分天下的地方体验天地之大，别有一番情趣。

伏牛山属北亚热带常绿落叶混交林向暖温带落叶阔叶林的过渡区，是华北、华中、西南地区植物的镶嵌地带，也是中国动物区划古北界和东洋界的分界线。特殊的地理位置和复杂多样的生态环境条件，加之人为干扰较小，使伏牛山自然保护区保存了丰富的生物多样性资源，有较为完整的天然次生植被和原生植物群落，是中州植物种子资源储存库、野生动物的庇护所。

走进秦岭国家森林步道，走进伏牛山，眺望扬子板块和华北板块碰撞形成的大地脊梁，寻找中生代白垩纪恐龙生活的痕迹，感受“春前有雨花早开，秋后无霜叶落迟”的中国南北过渡带气候，目送一脊之水分江河，岂不美哉？

（文 / 李兵兵）

西峡巨型长形蛋（王庆合 / 摄）

三、鬼谷岭，解不开的鬼谷迷

你或许听说过子午道，听说过发生在子午道上的“一骑红尘妃子笑”浪漫又心酸的故事。或许还听说过纵横捭阖的苏秦、张仪，著名军事家孙膑。但提起“鬼谷子”，你知道他是谁吗？他与上述几位在时空交错的历史中，多多少少都有一些关系。沿秦岭国家森林步道走进鬼谷岭时，不妨探究一下这位在历史上着实厉害又神秘的人物。

一个“厉害”的人物

在百度百科中可以看到这样的简介：鬼谷子，姓王名诩，号玄微子。战国时期显赫人物，一说春秋卫国人，一说是魏国人，一说是陈国郸城人。2000年来，兵法家尊他为圣人，纵横家尊他为始祖，算命占卜的尊他为祖师爷，谋略家尊他为谋圣，名家尊他为师祖，道家尊其为王禅老祖。在历史滚滚红尘中，细细数来，还有何人拥有这位鬼谷子先生如此多的名号。

鬼谷岭茂密的森林（鬼谷岭国家森林公园 / 供）

“他左手持黑，右手持白，战国是他自娱自乐的棋局”，现代有人这样来形容这位“厉害”的人物。源起则是那些在春秋战国时期赫赫有名的人物，诸如：组建“纵”联盟，使秦15年不敢出函谷关的苏秦；以“横”破“纵”的秦相张仪；遭受膑刑的齐国军师孙膑；变法的商鞅；辅佐嬴政继位的吕不韦；秦国名将白起……都师承一人，此人便是鬼谷子！这么多名士将领居然都出自一人门下，简直是不可思议。可偏偏《史记》中就这么记载了：“张仪和苏秦俱事鬼谷先生学术”。使我们也不得不想象：待弟子们前赴后继地下山奔赴诸国，掌控一切的鬼谷子便开始执手黑白，推演天下棋局，展开自己对自己的精彩博弈！

作为历史上的传奇人物，口口相传是不够的，总得有让后世引经据典的记载。《鬼谷子》一书便是根据先生言论整理而成，该书侧重于记载权谋策略及言谈辩论技巧。《鬼谷子》现认为共14篇，其中第十三、十四篇已失传。以《鬼谷子》一书体现的纵横家的哲学观来看，其深受老子哲学的影响。纵横家们在其“纵横捭阖”的社会活动之中，在道家思想的指导下，力求“变动阴阳”，以达到“柔弱胜刚强”的目的。而近代，众多学者以《鬼谷子》为研究对象，做“纵横家说理论”“情报思想”“测谎心理思想”“军事学思想”等众多方面的研究，以求解读鬼谷子这位厉害的人物。

一个“神秘”的人物

这么一位厉害的人物，却也不是人尽皆知，不知是否是因为在历史上直到近代，还是有很多人在质疑鬼谷子的真实，他到底是谁？他真的有这么厉害吗？当然也会有人对其理论所不屑，这些人中还包括柳宗元等大家。

历史上记载鬼谷子的书籍众多，然而对于其生活的年代，正史也仅限于《史记》苏秦、张仪列传中略有提及。其他如《资治通鉴》等记载也大多依据史记。唐司马贞的《史记索隐》中写道“苏秦欲神秘其道，故假名鬼谷”，即司马贞认为鬼谷子就是苏秦给自己起的名号而已。巧的是，到了现代，从1973年长沙马王堆出土的《战国纵横家书》中来看，苏秦与张仪居然不是同一时期的人，那就更谈不上师出一人了，《史记》中对鬼谷子的记载也就蒙上了一层纱。

鬼谷子究竟是谁虽极难考证，但《鬼谷子》一书却在历史的长河中流传了下来。但对于书中言论，学术上也是百家争鸣、褒贬不一。战国群雄争霸时期，士人行纵横之术，以说服国君，鬼谷之术对当时社会影响极大。而到唐代，柳宗元却极不欣赏鬼

古杉林（鬼谷岭国家森林公园 / 供）

谷子其人，并作《辩鬼谷子》，文中说《鬼谷子》一书是后人的伪作，内容尽是些险怪奇异的东西，“妄言乱世”，如果学了这些邪说就会偏离正道，尤其对于书中阴符七术，更是说其是“怪谬异甚（胡言乱语）……而易于陷坠”。

对于鬼谷子，真可谓“人奇、事奇、书奇”。

一个美丽的地方

对于历史中的人和事，真相都已淹没在岁月长河中，只盼有更多资料可以去谨慎地论证。而相传鬼谷子潜居之地的鬼谷岭却是一个我们可以亲自探索的美丽的地方，“放眼可观天地之漫漫，侧耳可听天籁之噪噪”。

鬼谷岭，主峰海拔2008.9米，其周围群峰并峙，5条山脊拔地而起呈放射状向四周延伸，当地居民形容其为“五龙捧圣”。站在鬼谷岭山顶平台，放眼望去，四面群峰低伏，云海翻涌，山峰若隐若现，中间淡淡的烟蓝，似氤氲的海面。沿步道走下山脊，雾气渐渐沉重，一路脚下落叶沙沙作响。在云雾缭绕的山中，被树叶覆盖的路面可能会生青苔，走路需要格外注意，以防滑倒。行走在寂静的山中，徒步的喘息声和

鬼谷岭森林步道（鬼谷岭国家森林公园 / 供）

脚步声也会划破空山，还会引起四周鸟兽的喊喊喳喳、窸窸窣窣。

走进鬼谷岭的古杉林，或许还可感慨一番鬼谷岭的气势。那一株株高大挺拔的杉树巍然耸立，如钢打铁铸，树尖直吻青天，而阳光却只能在严严实实的树冠下洒下星星点点，幽静、古朴的氛围下，那干裂的树干又颇像一位历尽沧桑的老人诉说着时代的变迁。

在时空交错的历史中，这里或许曾经是鬼谷子潜心研究之地。在研究者们翻阅各种历史资料考证鬼谷子其人其事之时，我们暂且将他认为是一个传说中的人，若对《鬼谷子》一书有兴趣，倒是可以翻来一阅。行至鬼谷岭，在云雾间，置身犹如虚幻的仙境，沿着脚下布满青苔的步道小心行走，累了背靠古树或许还可依稀听见附近古驿道上飞奔的马蹄声。

（文 / 张伟娜）

四、正南正北的“国家驿道”——子午道

子为正北，午为正南。连通秦岭南北的子午道，曾是汉唐两代的“国家驿道”。它位于长安城中轴线的延长线上，最北端距离长安仅30公里。它见证鸿门宴后汉王匆忙入蜀，曾目送“一骑红尘”换妃子一笑，也曾伴玄奘携经南下，更曾证千年烽烟迭起。子午道是一条有故事的蜀道。

得巴蜀常王天下

秦岭自古有“龙脉”之称。对于关中政权来说，秦岭既是阻挡南来攻击的屏障，也是获取蜀地物资的障碍。历史上，秦岭以南的汉中盆地和大巴山以南的四川盆地，常被认为是成就“帝王霸业”的必争之地，得之则版图扩张，财富增加，拥有了对巴蜀以东区域徐徐图之的本钱。正是因为秦岭这种不可取代的战略地位，突破秦岭和大巴山两座屏障，获取秦蜀交通控制权就变得十分关键。从这个角度来看，蜀道的修建和万里长城一样属于国家战略。

《战国策》和《史记》曾记载：秦“栈道千里,通於蜀汉,使天下皆畏秦。”即秦昭王通过修建长达千里的栈道，连通关中与蜀汉，获得了让天下畏惧秦国的实力。可见早在战国，秦国就通过修建栈道获取对秦岭以南地区的控制，并最终吞并了6国。这是“得巴蜀者，常王天下”，即“得到了巴蜀之地就能顺利统一天下”的最早实例，其中或许就有子午道的功劳。

崖嵌木板巧为道

自战国时代起，古代劳动人民就在悬崖绝壁间凿出空隙，插入原木为横梁，在横梁上铺设木板成为连续的“栈阁”，以此通过秦岭的崖谷绝地。子午道就使用了这种开创性的技术，穿越了莽莽秦岭，通过了谷深水急的子午峪，成为由汉中盆地唯一能够迅捷直临长安的“终南捷径”，也因此留下了险峻的名声。险峻的子午道从不是最繁忙的蜀道，因为事关长安防卫。在一些时期，子午道关隘林立，驻军当道，需通关文牒方可通过，直至汉唐后因为失去战略地位被官方抛弃。

《石门颂》是汉代摩崖石刻，为纪念褒斜道落成而竖立在其道口。石刻清楚地记载了褒斜道修建之前，人们通行子午峪的艰难："上则悬峻，屈曲流颠；下则入冥，倾泻输渊"。可惜木质栈道较难维护，古代的子午栈道如今已遗迹难觅。如若流传至今，试想徒步者站在栈道上，抬起头看见峭壁悬在头顶，弯弯曲曲的水流从山顶流下，一直流到深不见底、如同幽冥地府的深谷。此情此景，今天的旅人是会像李白一样涌现出"一夫当关，万夫莫开"的冲天豪气，还是会像杜甫一般发出："此生那老蜀，不死会归秦"的旅思之慨?

英雄美人付笑谈

英雄、美人自古是故事的主角。子午道一直是故事上演的舞台。行走其上，处处可见英雄的足迹美人的笑。昔日楚汉相争，刘邦由子午道逃往汉中，命张良烧毁子午道，后假借修复之名，行暗渡之实，留下"明修栈道，暗度陈仓"的典故。三国孔明一生谨慎，放弃了经由子午道偷袭关中的"子午奇谋"，远出祁山，终难抵挡出师未捷身先死的命运。之后，魏国由子午道进军蜀国，却因大雨断绝栈道而半途而返。东晋之时，桓温派遣司马勋由子午道进军长安，惨败于前秦军队之手。到了明末，再度尝试由此入长安的闯王高迎祥甚至因兵败而命丧于此。在历史中，子午道一直被偷袭，从未被偷渡。足证其"万夫莫开"的险峻。

唐玄宗年间，杨贵妃爱吃荔枝。唐玄宗李隆基为讨好贵妃，令人快马加鞭，自蜀地涪陵经由子午道护送荔枝进京，子午道也因此被称为荔枝道。在涪陵，新鲜的荔枝和树枝一起剪切下来，密封在竹筒中。负责运送的使者，二十里换一人，六十里换一马，从子午道奔向大明宫。沿途的驿站门户大开，为荔枝开路。只需七夜七日，贵妃就能吃到心心念念的美味，新鲜得仿佛刚刚从树上采下，这在古时候算得上是一个奇迹。为了这个奇迹，那些洞开的驿站，跑死的骏马，累趴下的"快递员"，就显得渺小而不值一提，淹没在"一骑红尘妃子笑"的旖旎之中。

南豆角、胜利门

子午道北口有个南豆角村，建村于子午道修建之前的秦武公时期。民间有"先有南豆角，再有子午道"之说。据说南"豆"角其实是南"堵"角。古代建都长安的统治

者，在子午道北口驻扎军队，以堵住道口，遂成村落。一直到清朝，南豆角村都是子午道上行人首选的歇脚之处。清左宗棠任陕甘总督时，曾在此重修“左公桥”。当时的南豆角村客栈林立，食肆众多，操南北方言的客商、脚夫、百姓络绎不绝。南来的布匹、火纸、食盐、茶叶，北来的锅盔、蓼花糖等特产在此交换，整个村庄繁盛一时。

1935年，中共红二十五军通过子午道上的东江口。1949年，解放军经南豆角村的南城门，通过子午道前往陕南，为南城门争得了“胜利门”的名号。1959年，210国道陕西部分，即西万公路修建，与子午道相当一部分线路重合。子午道失去了交通要道的江湖地位，南豆角村也不复往日繁华。

盐店街、古石桥

从南豆角村沿子午道往南，宁陕县江口镇盐店街是子午道上另一个著名的驿站。关中和汉中的居民在这里进行商品交换和贸易往来，盐商们在这里歇脚，交流货物、信息，缓解旅途疲惫。他们中的一些人在这里盖起房屋，形成街道，落地生根。在盐店街，有一座砖石结构、造型古朴的石桥，曾经是通行子午道的必经之地，被称作子午石桥。当柏油马路替换了悬崖栈道，盐店街日渐人烟稀少，青苔和荒草渐渐爬上石桥的砖石缝隙，略显苍凉。一些远来的行人在这里寻寻觅觅，想要从蛛丝马迹中看出子午道往日的繁华。盐店街依旧平静祥和，是旅人途中短暂的归宿。

木质的栈道在岁月中腐朽，现代交通的贯通，让子午道驿站荒废，难觅踪迹。只有那些遗留在崖壁上的孔洞，讲述着过往兴衰，在旅人耳畔吟哦着“噫吁嚱，危乎高哉！蜀道之难，难于上青天”的绝唱。

（文 / 陈樱一）

五、秦岭四宝的家园

秦岭位于中国版图的几何中心，承东启西、连接南北，有中华脊梁之称。地处我国西高东低地势阶梯中第一到第三阶梯的过渡地带，自西向东连接高原与平原。秦岭作为中国南北方分界的地理地标，是黄河和长江两大流域的分水岭，北亚热带和暖温带气候、动植物区系的分界线。秦岭国家森林步道沿大秦岭蜿蜒而行至秦岭山脉中段陕西境内，进入整条步道的核心区域，沿途汇集了佛坪、老县城、周至、太白山、黄柏塬、天华山、观音山等国家级自然保护区群。这里是华北、华中和青藏高原三区生物交汇过渡地带，森林植被类型多样，植被垂直带谱明显，生物多样性丰富，以大熊猫、朱鹮、金丝猴、羚牛——秦岭四宝为代表的多种珍稀动物在此繁衍生息；这里是秦岭山系的最高地段，主峰太白山拔仙台海拔3767.2米，为中国大陆东半壁的第一高峰。

秦岭四宝

秦岭国家森林步道中段陕西境内是野生动植物的天然乐土，是世界上分布纬度最北的亚热带生物宝库，在国家重点生态功能区中属于秦巴生物多样性生态功能区，是我国17个“具有全球意义的生物多样性保护关键地区”之一，是许多古老和孑遗生物的避难所。大熊猫、朱鹮、金丝猴、羚牛、豹、林麝等珍稀动物在此繁衍生息，独叶草、红豆杉、太白红杉、秦岭冷杉等珍稀植物在此肆意生长。其中，最出名、最具秦岭代表性的当属秦岭四宝，这4种珍稀动物均被列为国家Ⅰ级重点保护野生动物。

秦岭四宝之一——大熊猫，为中国特有种，已在地球上生存了至少800万年，被誉为“中国国宝”和“活化石”，世界自然基金会的形象大使，是世界生物多样性保护的旗舰物种。秦岭国家森林步道中段陕西境内是大熊猫的主要分布和栖息地之一，尤以洋县、佛坪、太白和周至4县交界处的兴隆岭地区为核心，局域种群的数量最大，野外遇见率居全国之冠。秦岭大熊猫头圆更像猫，胸斑为暗棕色、腹毛为棕色，使它看上去更漂亮，更憨态可掬，陕西人把秦岭大熊猫称为“国宝中的美人”。

大熊猫（张九成 / 摄）

秦岭四宝之二——朱鹮，被誉为“东方瑰宝”“东方宝石”“吉祥之鸟”，早在1960年就被列为“国际保护鸟”。历史上曾广泛分布于亚洲东部，由于环境恶化等因素导致种群数量急剧下降，一度被认为在国内绝迹至20世纪80年代仅在陕西省南部的洋县秦岭南麓发现7只野生种群，后经几十年的努力，种群数量已达到2000多只，其中野外种群数量突破1500多只，朱鹮的分布地域已经从陕西南部扩大到河南、浙江等地。朱鹮保护是我国为全球濒危野生动物保护作出中国贡献的典型代表。

金丝猴（张九成 / 摄）

秦岭四宝之三——金丝猴，我国金丝猴共有黔金丝猴、滇金丝猴、川金丝猴和怒江金丝猴4个种。秦岭的金丝猴属川金丝猴，是中国

金丝猴分布的最北限，主要分布于陕西境内秦岭山区的周至、太白、宁陕、佛坪、洋县等地。据估计，秦岭川金丝猴约有3000～5000只，活动范围在海拔1500～3000米人迹罕至的落叶阔叶林、针阔混交林和亚高山针叶林带。金丝猴的生活环境偏僻，食性特殊，一旦改变了它的生活环境就很难成活，极具保护价值。

秦岭四宝之四——羚牛，在我国共分布有4个亚种，而分布在秦岭山中的秦岭亚种是4个亚种中体型最大的，通体白色间泛着金黄，长相最为威武、美丽，而且数量也最为稀少，现不足5000头。秦岭的羚牛是秦岭山脉的特有动物，被称为“秦岭金毛扭角羚”，分布在沿秦岭主脊冷杉林以上的范围。它们喜舔食岩盐及硝盐，集群性很强，每群约20～30头，冬季会出现更大的聚集群。

羚牛（张九成 / 摄）

目前，正在如火如荼建设的大熊猫国家公园，将整合20多个自然保护地，搭建生态廊道，实现珍稀野生动物栖息地的连通和珍稀植物分布区域的融合，便于野生动物种群的交流和珍稀植物基因的交换，秦岭四宝的家园在不久的未来将变得更加美丽宜居。

青藏高原以东第一高峰——太白山

太白山是秦岭山脉最高峰，也是青藏高原以东、中国大陆东半壁的第一高峰，如鹤立鸡群之势冠列秦岭群峰之首，巍峨宏大，气势磅礴。太白山具有低山、中山、高山等多种地貌类型，界限清楚、特点各异，在主脊及两侧保存着比较完整的第四纪冰川遗迹，尤以拔仙台周围地区最为完整，冰蚀湖、冰斗、羊背石、槽谷、冰碛垄等形态极为清晰。太白山具典型的亚高山气候特点，并形成明晰的垂直变化和气候带。从气候垂直变化看，由低向高依次出现了暖温带、温带、寒温带和亚寒带。气候的立体差异，使植物、动物分布也形成相应的垂直带谱，植被分布自下而上可分为落叶阔叶林带、针叶林带、高山灌丛带和草甸带。依据栖息生境要求，动物也呈现出明显的分布带。太白山南北两坡气候也迥然不同，属我国亚热带与暖温带的分界线，南坡为亚热带湿润季风气候，分布着北亚热带落叶阔叶、常绿阔叶混交林和东洋界动物；北坡为暖温带半湿润、半干旱季风气候，广泛分布着暖温带落叶阔叶林和古北界动物。诸如此，使得太白山动植物资源十分丰富，是秦岭四宝的主要家园之一。太白山是渭河水系和汉江水系分水岭最高地段，东北部的河流流入渭河后汇入黄河，属黄河流域；西南部的河流流入汉江后汇入长江，属长江流域。沿秦岭国家森林步道一路西行至此，将由长江流域翻越进入黄河流域，开始领略不同的自然和人文景观。

（文 / 李兵兵）

太白山徒步（图虫创意 / 供）

六、蜀道难，最难傥骆道

李白的名篇《蜀道难》，穷尽笔力，描述秦岭古栈道的险峻。其中，“西当太白有鸟道，可以横绝峨眉巅”的描述，让众多读者认可这篇千古绝唱描写的就是傥骆道。

傥骆道全长240千米，北起周至县骆峪，南至汉中市洋县傥水河谷，汉晋时曾称为骆谷道。傥骆道自西汉时期开始建设，魏晋和唐朝时两度兴盛，后又两度废弛，一条古道上所承载的历史风云变幻与人文过往，令人感慨万千。

取道傥骆，直奔汉中

横跨秦岭、从汉中到关中的4条古道中，傥骆道最短，最为快捷。《资治通鉴》对比了秦岭几条古栈道，提到宋朝时从汉中到长安，如果走骆谷路，距离是六百五十二里（宋代计量单位中的里，约合456米），走斜谷路（褒斜道）是九百二十三里，走宋代的官方驿路（子午道或者陈仓道）则长达一千二百二十三里，比傥骆道远了将近一倍。

有一利必有一弊，傥骆道最为便捷，同时地势也最为险要。傥骆道沿傥谷和骆谷延展，沿途需要攀爬海拔2000米以上的高山6座，并从险峻的太白山西侧经过，一半以上的路途在陡峻上升和急速下降的地势中穿行。

由于距离短和道路难行，傥骆道上上演了一幕幕故事。在秦岭南北大一统的唐朝，长安有乱，皇室贵族们向南奔逃时，十有八九会取道傥骆，直奔汉中；在秦岭南北分立的战乱年代，例如东汉末年和魏晋初期，控制了傥骆道，割据一方的霸主们便自以为掌握了平息乱局的命门。

三国时期，魏国和蜀国分立秦岭南北两侧，傥骆道当时称为骆谷道。刘备看中了傥骆道的快捷，为有朝一日能够北出秦岭，重返长安，光复大汉，在傥骆道沿途布置亭驿馆舍，勤修栈道，为后期的战争做准备。正是由于最为快捷和最为艰险，魏蜀经由此道发动的战争少之又少。谨慎过度的诸葛亮，北伐宁可绕道祁山，却从不曾踏足

傥骆古道沿途景色——黑河大峡谷（商有才 / 摄）

傥骆道。曹爽取道傥骆征伐蜀国，行程还没有到一半，敌人的影子都没见到的时候，用于后勤补给的牛马便已经死伤殆尽，只好无功而返。姜维伐魏取道傥骆道，大军到达渭水时已是强弩之末。傥骆道因快捷具有军事价值而修建，但仅凭着险要的地势，便已不战而屈人之兵。

唐朝时期，傥骆道是连接秦岭南北的官道，这一时期是傥骆道使用最为频繁的时期，基础设施完好，三十里一驿站，十里一邮亭。官员朝觐、赴任或士子出游，多走傥骆道。唐朝中期，泾原兵变，长安沦陷，唐德宗仓皇出逃，取道傥骆避往汉中；唐末，唐僖宗为躲避黄巢起义，再次取道傥骆逃往汉中。安史之乱，玄宗虽然取道褒斜道，但群臣却多取道傥骆。

唐朝之后，随着关中政治、经济地位的下降，傥骆道不再修整，与盛世不再的大唐一起逐渐凋敝。

栈道思古，洛口读诗

作为唐朝时使用最为频繁的驿道，傥骆道自然是一路繁花一路诗，踏上这段自然之旅前，不妨携上一卷全唐诗，元稹、白居易，不定哪一首就能叩开你的心扉。例

傥骆古道沿途景色——黑河仙境（龚麟 / 摄）

如，白居易《再因公事到骆口驿》，便完整地说出了许多差旅频繁的职场人士心声。

“今年到时夏云白，去年来时秋树红。两度见山心有愧，皆因王事到山中。”白居易因公出差时常过骆口驿，常走傥骆道，他在不同的季节里揣着不同的心事来到这里。而大山一直真诚以待，这一次来捧出的是夏季洁白的云朵，下一次来奉上的是秋日染出的深红。但因为公事，乐天居士无暇细细品味山中的美景，觉得歉疚，认为自己愧对大山的深情。

此情此景细想起来竟是我每一次差旅途中所想，作为生态行业的文字工作者，与大山大河、古树名花的接触不可谓不频繁，然而每一次都带着评判的眼光，心里挂着即将落到纸上的文字，近10年以来，流连山水之间，却几乎不曾用轻松、无所阻碍的心情细细品味自然之美。大山对我毫无保留，我却揣着满腹的心事，细想确实见山有愧。

因为骆口驿，元稹和白居易二人的一段唱和也广泛流传。元稹出长安公干时夜宿骆口驿，惊喜发现墙壁上灰尘之下隐藏着白居易多年前做周至县尉时的诗：“石拥百泉合，云破千峰开。平生烟霞侣，此地重徘徊。今日勤王意，一半为山来。”

旅途寂寞、苦闷的元稹犹如发现一道光亮，挥笔和诗：“邮亭壁上数行字，崔李题名王白诗。尽日无人共言语，不离墙下至行时。”我旅途中多日无人交谈，看见了你的诗，便如和你同游此地一般。

傥骆古道（陕西省林业厅 / 供）

日后，白居易重到骆口驿，发现元诗，多年前已经没于灰尘中的诗作，能够被另外一位诗人欣赏、肯定，且惊且喜，于是再次回诗："拙诗在壁无人爱，鸟污苔侵文字残。唯有多情元侍御，绣衣不惜拂尘看。"虽然相隔千里、时隔数年，然而思想上的共鸣却能穿越时空，互相欣赏、互相扶持的友情，总是触人心扉、令人感动。

新颜如旧貌，山花一路红

正因险要，现代的工程建设仍不曾波及傥骆道。在子午道、褒斜道、陈仓道等其他秦岭古栈道为高速公路、省道取用，天堑变通途的今天，傥骆道仍旧保持了神秘的面貌，没有被现代交通工具充塞，是现今唯一可以体验到"蜀道难，难于上青天"的古道。同时，因为地势艰险，加上几百年以来的风雨剥蚀，如今沿古道行走，很少遇见人烟，仅有老县城、厚畛子、茅草坪等处有人家，最大可能地保留了自然的风貌。

如今的傥骆古道上，可看到千年前遗留下来的垒石，河谷石壁上古栈道的凿洞，印证着古道当年的辉煌。蒸笼场、骡马店、火地坝、牌坊沟等原本应该一派人间烟火气的地名，背后却只剩下了荒无人烟的沟壑。

徒步在古道上，漫山遍野的杜鹃花、树龄已逾千年的古木、一望无际的高山草甸足以令人震撼，朱鹮、金丝猴等珍稀动物便栖息在两侧的山林中，不时出没的野生动物是徒步中的意外惊喜。如果具备一定的生物学或生态学知识，则会与水青树、连香树、独叶草等孑遗物种不期而遇，回味三国、梦回唐朝的同时，进行一场意外的第四纪认知之旅。

（文 / 贾俊艳）

七、与美有缘褒斜道

宝鸡市太白县是秦岭国家森林步道继续西行的必经之地。世人皆知太白山主峰——鳌山是一个飞鸟难以逾越，人难以攀爬的险山，却少有人知道太白县有天险也有捷径。秦岭古栈道中最平、最短、最便捷的褒斜道就途经此处。

褒斜道北起关中眉县斜谷关，南至汉中市北15公里处的褒谷，全长235公里，在太白县长约114公里。古道与美人有着千丝万缕的联系，沿途青山碧水景色优美，摩崖石刻典雅精美，褒水中出产的鲤鱼滋味鲜美，可谓与美有缘，是领略秦岭蜀道自然与人文之美的佳地。

平整、便捷的褒斜道

李白在《蜀道难》中写道："西当太白有鸟道，可以横绝峨眉巅"。夸张地写出秦蜀之间重山叠岭、不可逾越。在4条著名蜀道中，傥骆道和子午道就是这样的"鸟道"，悬于两三千米的山壁上，以"高"闻名。与之相比，修建在山体下部，悬于河水上方的褒斜道就显得有些"矮"，全程不翻越一个秦岭高脊，最高处是太白县一个小山梁。从山梁的底部走到顶部不过"五里"，民间称之五里坡。五里坡西连青峰山，东接鳌山，是古人在横断南北的秦岭山脉上寻觅到的不可多得的南北突破口。经由此处，秦岭北坡的斜谷和秦岭南坡的褒谷才得以贯通，成就了平整、近捷的褒斜道。

《读史方舆纪要》一书中记载了褒斜道的发展历史。最久远的雏形可以追溯到夏朝大禹时期，真正的开凿在春秋时期。而早在秦朝，劳动人民就已经使用了"栈道"这种修建技术。褒斜道虽然平整便捷，宽可行车，却因为栈道多为木质，经常因为火烧、水冲造成阻断。在历朝历代均有修葺的记录，直至清康熙年间。

汉渭分水五里坡

五里坡是褒斜二谷交汇之处。坡北为斜谷，坡南为褒谷，向北向南分别流出斜、

褒二水。斜水汇入渭河，褒水汇入汉水。渭河和汉水分别是黄河和长江的重要支流。站在五里坡顶，由南向北，只需一脚，就从长江流域踏入了黄河流域。太白县城就坐落在五里坡顶部的小平原。褒斜古道选择由此经过，几乎不经一座大山就越过了秦岭天险，充分体现了古人仰观天象、俯瞰地理的"堪舆"智慧。

除了是交通要道，五里坡还曾是军事要塞。作为三国时期魏国和蜀国的边境线，五里坡曾经一度驻扎有守卫边界的衙门，故而又名衙岭山。三国时期，诸葛亮伐魏，就是沿褒斜古道出兵，经过五里坡，出斜峪关，驻扎在五丈原。《三国演义》中的著名桥段"死诸葛吓死活仲达"就发生在五里坡。相传司马懿被死去的诸葛亮吓得仓皇向东，"逃窜"至五里坡下，留下了"桃川"这个地名。

最早的人工隧道

相比其他秦岭古道，五里坡带给褒斜道前所未有的通畅和直接。这种流畅感在褒斜道的南段受到了挑战。在褒谷的入口处，地势险要，地质复杂，在崖壁打孔埋桩铺板的常规栈道修建技术无法使用。汉朝汉明帝时期，整个大汉的能工巧匠汇聚于此，提出了"火焚水激"的方法，以物理手段开凿出穿山隧道，称为"石门"。石门长15米，宽4米，可能是世界上最早的人工隧道，或许也是世界上年代最久远的"论坛"。自石门落成，褒斜道贯通之后，许多朝代的文人，皆在此留下诗赋，记录石门和褒斜道的变迁发展，歌颂能工巧匠的技艺精湛，赞叹大自然的鬼斧神工，留下了著名的石门摩崖石刻——龙门十三品。

20世纪70年代，石门水库的修建，让原本就因为年久失修、线路改变、现代公路修建而遗址日渐难觅的褒斜道遗迹南端，连同栈道石门、褒姒铺、《栈道平歌》摩崖石刻等古迹一同淹没在水下，昔日的"鸟道"成了"鱼道"，好在最具价值的龙门十三品搬进了博物馆，保留了下来。

石门十三品

"石门十三品"的艺术和研究价值为石门摩崖石刻之最，被称为汉代以来书写和雕刻两者的最高艺术结晶。清代书法家罗秀书赞"其古恒也，如龙蟠深壑而其鳞角杈枒，其飘逸也，如凤舞晴空而其羽毛鲜丽。"近代康有为在《广艺舟双楫》称之为"书中之仙品"。当代日本书法界曾表示"汉中石门，日本之师"。常有日本书画爱好者集体前来汉中临摹考察。

除了美学价值，石门石刻还展示了书法技艺的变化。《大开通》记录了篆书向隶书的转变；《石门颂》记录了“早期圆转笔”转变成为了“方折笔”；符合现代审美的《山河堰》，是现代隶书书写借鉴的源泉。内行看技艺，外行看美意，相信无论是爱好者还是爱好传奇故事的徒步者，都会对汉中博物馆的“石门十三品”心向往之。

美女与美鱼

提起褒斜道，就不得不讲美人褒姒的故事。西周末年，周幽王为博取美人一笑，烽火戏诸侯，做了亡国之君。故事里的褒姒来自褒水下游的褒国，褒斜道南口石门南的原褒城县，今汉中褒河镇打钟坝一带。褒姒当年就是从故乡褒姒铺，沿褒斜谷一路向北，作为战败的赔偿被献给了周幽王，走向了“祸国妖姬”的宿命。

随着石门水库的修建，褒姒铺已经沉没在水下。看过了青山碧水，畅想过美人的倾国倾城，是时候吃一条鲜香热辣的美鱼了！褒水鱼鲜自古有名。《诗经》中“南有嘉鱼”的褒奖是对褒水之鱼的最早赞美。西晋文学家左思在《蜀都赋》中附和了这个看法：“嘉鱼出于丙穴，良木攒于褒谷。”

如今，丙穴嘉鱼已经不知所踪。但是石门水库仍然为人们出产来自褒水的鲜鱼。取一条石门鲤鱼，两侧鱼身各剖3刀，滑进热油煎至两面金黄，葱姜蒜爆香，加入豆瓣酱和老酒，勾芡浇在鱼上。活鱼快做5分钟入盘。趁热来一口，鱼鲜肉嫩入味爽口，红油漫浸柔辣不腻，麻中透香回味悠长，满足“吃货”对鱼的所有想象。行走千里这一鱼足慰辛劳。

20世纪30年代，公路泰斗赵祖康组织修建宝汉公路，即今天的316国道。进入21世纪以来，沿古褒斜道又修建了眉姜公路。条条新路换了旧路，千年岁月难掩褒斜古道勃勃生机。

（文 / 陈樱一）

八、秦岭北麓天台山，玄都之地神农乡

据不完全统计，全国有15座山叫“天台山”。这些山分散在诸多省份。虽然同名同姓的山很多，但是“圣人践地”天台山，只有位于宝鸡市以南30公里，地处秦岭山脉北麓的这一片翠绿。宝鸡天台山既浓缩了秦岭山脉大开大合的气魄，山峰险峻、翠谷深幽；又人文气息浓厚，被称为神农之乡、玄都之地。是徒步者寻根、问道、溯源的好去处。

寻根神农乡

据传说，炎帝发现了黄芩、黄连、大黄、马鞭草、柴胡、茶等中草药的药性，原本被叫做“炎麦”的“燕麦”也是炎帝最先开始推广种植的。此外，炎帝还发明了“耒耜”这种原始的耕作工具，并推动了麻、黍、稷、麦、菽5种谷物在清姜河两岸大面积推广。清姜河就发源在天台山。当清河两岸的部落吃饱了肚子，人们开始将剩余的粮食

嘉陵谷观日台（陕西省林业厅/供）

在集市上交换，换取生产工具和生活资料。炎帝先进的耕作技术逐渐影响了渭河北面的黄帝部落。远古农业迎来黄金时代。炎帝和黄帝因此成为了华夏民族的共同祖先。

自古以来较为频繁的农耕活动，对天台山的自然景观产生了较大影响。浅丘台地上的落叶阔叶林早已被农田所取代。春天的杜鹃、秋天的绣线菊，为天台山的田园风光增添了一抹风情。行走山间，隐约可见远处有飞檐斗拱掩映在绿树林中，那是受深谷和庙宇庇护的栎树和槲树林。更高的山上，生长着杨树和桦树，秋天的时候化作斑斓的彩带环绕在片片翠绿之上。在更高的山脊处，有华山松傲然挺立在石柱之巅。

炎帝神农氏在天台山开创基业，为造福万民亲尝百草，最终在这里中毒而逝。传说炎帝死后，就葬在天台山的莲花峰。经年累月之下，原本停放炎帝遗体的寝殿如今只剩下殿柱础石、断壁残垣，汉白玉的“骨床”镶嵌在寝殿遗址的中央。祭祀炎帝是一项传承千年的礼仪。据《史记》记载，早在公元前424年，秦灵公就在宝鸡吴山祭祀炎帝。每年七月初七这一天走过天台山的徒步者，可以前往天台山西侧常羊山黄帝陵，观摩一年一度的炎帝祭祀大典。如果不能恰逢其会，天台山周边乡镇几乎每月都会举办庙会。庙会举办社火、戏曲、祭祖以及其他富有地方特色的民俗活动。在徒步之余，边逛边吃，拜拜先祖，看看热闹，既是乐事，也是身体和心灵的休整。

天台山所在渭滨区全年庙会时间表

庙　会	时　间	庙　会	时　间
马营镇旭光村古会	正月初九	神龙镇诸葛山古会	七月初七、七月二十三
浴泉村古会	正月十一、七月十二	观音山和瀑布山古会	六月十九
石鼓镇尖山村古会	三月初三、六月初六	天台山古会	七月初七
石鼓镇高家河古会	十月十八	陈家村古会	七月十五
马营镇燃灯寺古会	三月十八、六月十九	高家镇太寅、苟家岭和赵家崖轮办庙会	八月初二
马营镇凉泉村古会	三月二十	高家村庙会	九月初九
马营镇广济寺古会	六月十九	神龙镇常羊山炎帝陵	正月十一、二月初二、二月十五、清明节、六月三、六月六、七月七、十月十八

问道玄都地

伯阳山是天台山第二峰，也是天台山的第一险峰。传说老子西出大散关之前，就居住在这里潜心编著《道德经》。天台山也因此被称为道家“祖庭”，玄都之地。玄都是神话中的无上仙境，传说是道教太上老君，也就是登仙之后的老子，在天上居住的地方。在老子之后，天台山神秘而清幽的环境，吸引历朝历代诸多道教人士隐居于此，在天台山形成了带有地方特色的道教文化氛围。

《道德经》成书之地的争议

《史记》载：“老子修道德，以自隐无名为务。居周久之，见周之衰，乃遂去。至关，关令尹喜曰：‘子将隐矣，强为我著书。’于是老子乃著书上下篇，言道德之意五千余言而去，莫知其所终。”此关究竟是什么关？长期以来一直困扰着专家学者，学者们对河南灵宝的函谷关和陕西宝鸡的大散关各执一词，争论不休。

如今，老君虽已不见影踪，但伯阳山顶对来往天台山的旅人仍充满了吸引力。站在伯阳山顶，宝鸡市区的全貌一览无遗。山顶石屋镶嵌着一块块从秦汉时期遗留下的砖瓦，石缝里生长出古老的松树。此时此刻，即便是不知“道”，不懂“道”的人，也会在心中生出对自然的崇敬，生出对那掌控天地万物的“道”的遐思。

溯源嘉陵江

2014年，四川阿坝州若尔盖经中国科学院确定为嘉陵江正源。在此之前，人们一直认为宝鸡天台山的嘉陵谷为嘉陵江的源头。丢了嘉陵江正源的身份并没有损害天台山的魅力。天台山的深处，秦岭主梁与五里梁交汇的地方，三水分流的奇观仍然吸引着往来的旅人前往观日台一探究竟。

站在观日台上，如若下雨，流向南方的水便会汇入汉江，流向西方的水就会汇入嘉陵江，而流入东北方的水则会并入清姜河，这是黄河最大支流渭河的一个支流。脚下观日台所在的区域既是神奇的三江分水岭，也是黄河流域和长江流域的分水岭。远望山峦叠嶂，云遮雾绕，云雾之中山峰姿态各异，周边林海苍茫。挥手间带起的微风，忽然惊扰起耳畔轻云，飘飘欲散，恍若置身仙境。

观日台以东，有一片秦岭冷杉林。林中古木参天，秦岭冷杉树干通直，错落而生，疏密相间。行走其中，一时间头顶树枝挤挤挨挨，遮天蔽日，又突然间有光束若圣光突破阴郁，落在满是冷杉针叶的地面，点点斑斑。空气里氤氲着冷杉芳香的气味，令人沉醉；脚下天然的冷杉针叶，柔软得好像脚踏大地母亲的心房。

冷杉林（陕西省林业厅 / 供）

沿秦岭国家森林步道一路西行，离开天台山就到了大散关。也许只有走到散关，大秦岭的形象才最终丰满。这里孕育着茂林修竹，是秦岭四宝的最后家园。这里是祖先走出深山的起点，农耕文明的开端。这里是河流的源头，文明的保姆，是兵起处、文兴处，是中华的龙脉，华夏民族心中的共同家园。

（文 / 陈樱一）

天台山炎帝陵（陕西省林业厅 / 供）

九、川陕咽喉——大散关

大散关位于宝鸡市南郊，是关中四大名关之一，自古为川陕咽喉、兵家必争之地，又是秦岭国家森林步道自陕西省通向甘肃省的必经之路，这是为何？又发生过怎样的历史故事？

关中四大名关

关中四大名关即东函谷关（东汉后被潼关取代）、西大散关、南武关、北萧关。居其四关之中的地域统称关中。

关中西南唯一要塞

大散关亦称“散关”。关于其名有两种说法：一是西周时期为散国的关隘，故称“散关”；二是指该关零散分布，前后绵延80多里，故称“散关”。至于哪个更恰切些，至今尚无定论。

宝成铁路

宝成铁路北起陕西省宝鸡市，向南穿越秦岭到达四川省成都市，全长669千米。穿越秦岭时为克服地势高差，过杨家湾站后就以3个马蹄形和1个“8”字形的迂回展线上升，线路层叠3层，高度相差达817米，即为著名的观音山展线。宝成铁路是一条连接西北地区和西南地区的交通动脉，是我国第一条电气化铁路，也是新中国第一条工程艰巨的铁路。2018年1月，入选第一批中国工业遗产保护名录。

大散关位于大散岭上，既是终南山西向的尽处，又是陇首东起的开头，清姜诸河荦绕其间。伫立关址，纵目远眺，但见群山叠嶂，古木蓊郁，两侧的山峰又像密不透风的天然屏障。登上最佳观测点的烽火台，却见川陕公路在崇山峻岭中蜿蜒而去，宝成铁路在这里时隐时现，如盘龙一般，甚为壮观。曲折清澈的清姜河从关址脚下流过，与川陕公路和宝成铁路犹如三条丝带，将历史长河与现在交通紧紧缠绕在一起。

自古兵家必争之地

大散关自古以来就是巴蜀、汉中出入关中之咽喉，战略地位非常重要。正如《史记》所载："北不得无以启梁益，南不得五以固关中"，这里成为了历代兵家必争之地。历史上争夺散关之战有70多次。汉元年，汉王刘邦采取韩信"明修栈道，暗度陈仓"之计，自汉中由故道出陈仓还定三秦，经由此关；东汉建武二年，延岑引兵进入散关至陈仓；汉献帝建安二十五年，曹操攻张鲁，自陈仓过散关；蜀汉后主建兴六年，诸葛亮出散关围陈仓；南宋初年，金将兀术为打通入蜀通道，曾和南宋名将吴玠反复拉锯于此。站在关址内的烽火台上，烽火台四角的旌旗在风中猎猎作响，似乎仍可感受到古战场上金戈铁马、气吞万里如虎般震撼人心的气势。

宝成线—川陕路—清姜河交汇处（陕西省林业厅/供）

陈仓、陈仓道

陈仓，古地名。东周春秋秦文公四年建城“陈仓”，距今已有2770余年，唐肃宗至德二年因闻陈仓山有“石鸡啼鸣”之祥瑞，改称“宝鸡”。自陈仓向西南出散关终至汉中的道路称为陈仓道，古称故道。

今日怀古休闲之地

从古至今，大散关又是文人墨客、达官贵人及普通老百姓游览之地。据传“老子西游遇关令尹喜于散关”，授《道德经》一卷；曹操过大散关留下了《晨上大散关》的诗句；唐代王勃、王维、岑参、杜甫、李商隐等都留下了美丽的诗篇。爱国诗人陆游在此留下了“楼船夜雪瓜州渡，铁马秋风大散关”的千古名句。敌楼上悬挂着郭沫若题书的“大散关”三字，古朴凝重，浑厚遒劲。苏东坡一首《斯飞阁诗》使人们神往，登上北岭斯飞峰上的斯飞阁，真正可感受到“西南归路远萧条，倚槛魂飞不可招”的奇境。

作为关隘，作为古战场，大散关的血腥悲壮早已成为过去，今日的大散关更多的是作为一处怀古休闲的绝妙之所，让人流连忘返。

（文 / 孙馨琪）

大散关景区（陕西省林业厅 / 供）

十、走通天河探寻唐僧取经足迹

通天河国家森林公园位于陕西省宝鸡市西南凤县境内，嘉陵江的一级支流小峪河源头。公园有西河庙、高山石林、莲花山三大景区，50多个景点。公园所在地唐藏镇相传唐僧师徒取经经过此地，境内的庙儿河蜿蜒向西直达秦岭梁顶，为“通经西天”之意，公园由此得名，并留下了许许多多《西游记》的故事。

中国北方石林

公园内最有特色的自然景观非“高山石林”莫属，总面积达2000余亩。经考证，通天河国家森林公园内的高山石林是第四季冰川运动形成的罕见高山奇观，同时是地质学研究的活标本，其形状、结构、规模与张家界的峰林极其相似，因此享有“中国

高山石林（通天河国家森林公园/供）

通天河（通天河国家森林公园 / 供）

通天河莲花宝座（国家林业和草原局森林旅游管理办公室/供）

北方的石林、大西北之张家界”的美誉。这里石林中规模最大的一处，高度一般在50米以上，多呈柱形，形态各异，可谓奇峰耸立，直插云端，万石争高，天光一线。传说唐僧取经经过石林受阻，连白龙马也崴伤前蹄，只得退回，最后选择公园内一条名叫“骆驼巷”的谷道通过。

公园内还有许多奇峰怪石。莲花山峰顶有一块犹如盛开莲花的奇石，传说是观世音菩萨所乘的莲花宝座。青毛狮子峰右侧有一山峰，传说是二郎神杨戬与孙悟空交战时所带的哮天犬，其阔嘴大张，仰天长啸，正好对着中午时分的太阳，似要将日头吞没，因此得名“天狗吠日”。

通经西天之河

走进通天河国家森林公园，这里四级瀑布潭溪连环相扣，幽深的山谷中清流终年不断，水体景观主要在于一河九溪中藏有四瀑六潭。其中，一河为通天河，九溪为通天河的9条支流，四瀑六潭是全园水体景观的精华。

传说1300多年前驮负唐僧师徒4人横渡通天河的那只老龟，如今已坐化成石，静卧于通天河之畔。通天河岸边还有唐僧师徒曾经晾晒经书的晒经石。公园有一潭深2

米，在《西游记》中，盘丝洞里的蜘蛛精每日午后时分变作仙女，在此潭沐浴，仙女潭由此得名。尽管相隔千余年，仍能寻找到当年唐僧取经的足迹。

原始生态森林

通天河国家森林公园总面积5235公顷，由南向北蜿蜒17公里直达秦岭主梁，地势西北高、东南低，海拔1300～2700米，七八月平均气温22.7℃，年平均气温11.4℃。秦岭地区复杂的地形和充足的水热条件，形成了广阔且丰富的森林景观，公园的森林覆盖率达98.6%。

公园内森林植物有1800多种，有高参入云的大果青杆、云杉、冷杉、连香树、少子云叶，特别是珍贵树种云杉，全世界共有42种，通天河国家森林公园就有27种之多；还有柔弱的独叶草，争艳的玉兰、杜鹃、天目琼花等奇花异草为公园平添了无限景色。阳春百花争艳，盛夏凉爽宜人，金秋野果飘香，隆冬银装素裹，四季各具特色。公园内野生动物有280多种，可见羚羊漫步、锦鸡飞腾，可闻黄鹂高歌、柳莺低鸣，在早晨或傍晚时分，可偶遇野生动物在公路上、草丛中悠然漫步。

铁甲树（通天河国家森林公园/供）

公园内的氧吧长廊占地1000余亩，四周均为常绿树种云杉，负氧离子浓度含量高出城市数十倍。就在这千年古树林中，唐僧当年西行时亲植的两棵铁甲树距今已有1300多年，现仍蓬勃生长，向人们诉说着当年的经历。

走进通天河国家森林公园就走进了大自然，更走进了历史，这里山险、石奇、水秀，冬无严寒、夏无酷暑，还流传着美丽的历史神话故事。通天河国家森林公园是人们避暑、休闲、享受自然、重温唐僧取经路的好去处。

（文/孙馨琪）

十一、丝路明珠麦积山

位于甘肃省天水市东南部的麦积山，是广义上的秦岭自陕西进入甘肃后的第一站，以自然和人文遗产并称于世。麦积山石窟就悬于麦积山崖壁，因精美绝伦的泥塑而闻名，被称为“东方雕塑陈列馆”。麦积山石窟也因此与敦煌莫高窟、大同云冈石窟、洛阳龙门石窟并称“中国四大石窟”。2014年6月22日，第38届世界遗产委员会会议在卡塔尔举行。麦积山石窟与中国、哈萨克斯坦、吉尔吉斯斯坦的其他32个地点一起，作为“丝绸之路：长安—天山廊道的路网”上的重要节点，成为“世界文化遗产”。

佛音千载，艺术与信仰的交融

小陇山森林茂盛，衬托出灰黄色的圆锥形山体似草垛堆叠，故名麦积山。这是一种典型的丹霞地貌特征。在麦积山山崖上，洞窟如蜂房密布，最高处离地百米。这些石窟的开凿始于东晋十六国的后秦（384—417年），兴盛于北魏（386—534年），衰落于大唐玄宗年间（685—762年），直至近代仍有增补，历经10余个朝代，1600余年。历朝历代的佛教信仰者，执著地对因战火、风雨、朝代更迭而破损的佛像进行补充、重塑、修葺，诠释着佛教信徒对永恒的追寻和探索。留给今人洞窟221座、泥塑石雕10632尊、壁画1300余平方米。

麦积山佛像最高的达16米，最小的仅10余厘米，神态生动，色彩艳丽，荟萃了千百年来各个朝代塑像艺术特点。麦积山的崖阁千年不朽，遗世独立。站在崖阁上，唐代诗人杜甫笔下“上方重阁晚，百里见秋毫”的壮阔至今依旧可见。这些精美的壁画、传神的彩绘和不朽的建筑，是交融信仰与艺术的传世佳作，记录着古人叩问天地，对话神明的艰辛。

故事万千，佛像对历史的凝固

在麦积山石窟，流传着许多传说。其中，与第43、44窟有关的爱情故事尤为动人。历史记载，北魏分裂为东魏、西魏后，东魏将公主送至柔然和亲。西魏深恐落后，决定让皇帝迎娶柔然公主。作为权臣宇文泰的傀儡，西魏文帝被迫泪别为自己孕育过12个子女，且深深敬重着的皇后，送其去今甘肃天水一带出家。为了山河子民，皇后乙弗氏坦然接受了命运。妻子离开后，西魏文帝日日思念，暗中派人嘱咐妻子留蓄长发，伺机回京重为皇后。这一切被柔然公主察觉。柔然以此为借口挥军南下直逼国境。群臣逼迫下，文帝只得写信令发妻自尽。乙弗氏留下遗言，表达了对丈夫的祝福，以及对爱情的不悔。

乙弗氏平静赴死之后，人们在麦积山凿了一个仿殿堂式的窟龛，安放她的灵柩。这就是如今被称为“寂陵”，俗称“魏后墓”的第43号洞窟。与其一墙之隔的44号洞窟，同样开凿于西魏年间。洞窟中的主佛容貌端庄润秀、蛾眉凤眼、雍容华贵，以一抹饱含东方风情的微笑震撼着膜拜者的内心。有人说，这是西魏文帝留下的“爱情证明”。这位懦弱的傀儡皇帝至死无法释怀，留下亲笔文书，终于得以和妻子合葬于皇陵。留给今人不朽的艺术瑰宝，诉说着动人的故事。

大美不朽，交流与融合的见证

麦积山是凝固不朽之美的艺术宝库，是探寻流动变换之永恒的信仰殿堂，还是一位中西方文化交流、佛教文化本土化的见证者。沿丝绸之路自西向东，是被人们普遍认可的佛教传播方向。天水作为古丝绸之路沿途重镇，自后秦以来，在武山到麦积区100多公里的渭河两岸，形成了绵延百里、数量密集的石窟走廊。

麦积山塑像中成像时期较早的佛像，拥有中亚、西亚、北非甚至欧洲的面孔，是佛教西来的证明。此后的佛像，面容趋于清俊，含蓄微笑，和蔼可亲，由对天人的猜想转向对凡人的再现，褒衣博带显露汉族服饰特色。到了隋唐时期，佛像呈现丰满庄严的特征，西来的佛教完成了本土化的过程，终与中原文化并轨前行。这些佛像造型的演变，印证着沿丝绸之路而来中西方文化交流和融合的足迹。

深山叠翠，山林对珍宝的护佑

文化上的熠熠生辉丝毫不能掩盖麦积山所在区域自然遗产的宝贵。麦积山所在的小陇山区域，作为国家级自然保护区，保存着我国暖温带—亚热带过渡地区最原始的森林生态系统，栖息有珍稀的羚牛秦岭亚种。麦积山周边还有国家地质公园和

小陇山，羚牛秦岭亚种栖息地的最西端

羚牛，是亚洲特产的大型偶蹄目牛科动物，国家I级重点保护野生动物，被IUCN（世界自然保护联盟）列为易危物种。羚牛秦岭亚种是4个亚种中体型最大的一个亚种。其在中国的分布地区与大熊猫相似，数量稀少，被视为“国宝”之一。小陇山国家级自然保护区内分布有大量羚牛秦岭亚种，是目前羚牛秦岭亚种栖息的最西端。

国家森林公园，保护着珍贵的“北方丹霞”地貌景观和森林资源。

行走在小陇山腰，栎树苍劲的枝条在头顶伸展，阳光透过密密的栎树叶子，洒在旅人身上。穿过一墩一墩的桦树林，白桦和红桦微微倾斜，并不笔直的树干显露少女般风情。山杨和白桦相伴而生，馈赠给旅人斑斓的秋。透过枝条的空隙，远眺山峦起伏，云雾遮绕。云雾之中生长着华山松、侧柏、云杉、油松和白皮松，带给小陇山超越一般标准的负氧离子浓度。让徒步者越行步伐越矫健，越走人生越开阔。

唐代大诗人杜甫，曾在诗中描绘了他在麦积山周边山林行走的景象，细细的山路沿途遍布野花，翩飞的小鸟啄食枝头野果。诗人对自然不吝赞美，自然以美景回赠旅者，足以消除旅途的疲累。

山 寺

杜 甫

野寺残僧少，山园细路高。麝香眠石竹，鹦鹉啄金桃。
乱水通人过，悬崖置屋牢。上方重阁晚，百里见秋毫。

横贯秦岭山脉的秦岭国家森林步道，由东向西蜿蜒在中华龙脉之上，在秦岭的深山中，从时间和空间上与历史上的丝绸之路实现了平行，交汇于麦积山。在这里，古与今、自然与人文、艺术和信仰、东方与西方文化交织在同一个时空，汇聚成璀璨明珠。秦岭国家森林步道如同一条细韧的项链，穿珠而过，在秦岭的森林深处展开一场新的传奇。

（文 / 陈樱一）

十二、边塞也繁华——冶力关

若从秦岭国家森林步道自东向西一直走一直走，走出秦岭腹地莽莽的森林，经过麦积山，在大佛温柔的目光中，伴随着清脆的驼铃声继续向西，就走进曾经的草原王国吐谷浑，走进那繁华一世的丝绸之路南道，走进江南人的大西北。

1600年前的冶力关

冶力关，位于甘肃省临潭县，古时为边塞之地，这名字来源的历史可追溯到南北朝时期。1600多年前，在今天辽宁彰武、铁岭一带生活的鲜卑族慕容部落，部落首领的长子吐谷浑率领他的部众从东北白山黑水间离开，寻找属于自己的领地。大部队千里跋涉、辗转了几十年，终于迁徙至青藏高原，也自此创造了中国历史上少数民族地方政权持续最长的草原王国。约在400—432年间，吐谷浑之孙——冶延继位执政，他执政后就将祖父“吐谷浑”之名作为国家之名。而封他的弟弟——冶力的部落驻扎在白石山一带游牧狩猎，之后便逐渐定居在这一带。至此，“冶力”之名便赋予了这片土地。

军事要塞

古时，冶力关地处边塞，成为诸国布局军事设施力守之地。古秦直道犹如一条长龙穿越于山岭之间，宋代大顺城、明代修筑的石庙堡、新城堡、石关堡等城堡残垣古迹犹存。其间新城堡，位于冶木河南岸，是保卫洮州府（甘肃临潭县）的第一道屏障，史称“拱卫洮州第一堡”，是我国目前保存最完整的卫城之一。据记载，新城堡最初由唐代时吐蕃人所建。到了明洪武年间，洮州十八族头目发动叛乱，叛乱平息之后，朱元璋亲下诏谕：“洮州，西番门户，筑城戍守，扼其咽喉。”之后，在当地藏族头目南秀节的协助下，在原洪和城的基础上修建了洮州卫城。

边塞也繁华

冶力关虽地处边塞，历史上亦有其繁荣时期。冶力关曾是一方交通要道，是丝绸之路河南道和唐蕃古道的重要组成部分，区域内条条崎岖古道东通岷州（甘肃岷县），西抵藏区，北达狄道（甘肃省临洮县），南达洮州。

唐太宗贞观十五年（611年），文成公主嫁吐蕃松赞干布时，也是经由此地进入西藏，现在的新城就是当年唐、蕃两地物资交流的集散地和中转站，也是唐、蕃使臣往返的驿马站，因此这里也成为进藏第一门户。明洪武元年（1368年），朝廷在洮州等地设立互市市场，以茶易马，冶力关也随之被开辟为茶马交易的古道关隘，始称为冶门峡，又在大岭山、八角山一带连设数道关卡，查验过往茶商。

其实早在南北朝时期，经由此地的一条古道就名噪一时，其影响力绵延千年至今，那就是著名的丝绸之路。丝绸之路南道的繁华媲美北道，还要追溯到吐谷浑王国时期。公元445年，吐谷浑王慕利延从白兰开始西征，逐渐掌控了丝绸之路南道。恰逢此时，河西走廊一带烽火连绵，北道不再畅通无阻。于是在吐谷浑国的推动下，丝绸之路南道开始复兴。此间，那些去西天取经的和尚，东来传法的印度僧侣，往来于南朝和西域之间的使者和商人，大都穿行在这条道上。南道一度取代河西道成为丝绸

冶力关国家森林公园黑河景区（国家林业和草原局森林旅游管理办公室／供）

之路的主干道。吐谷浑国也渐渐与丝绸之路结下了不解之缘。

吐谷浑王国时期，从慕利延开始，有好几个王被南朝封为“河南王”，《南齐》《梁书》《南史》都以“河南”来指称吐谷浑王国，并为其立传。而丝绸之路南道的地理位置恰在黄河之南，因此历史学家们也称之为“河南道”，又叫“吐谷浑道”。吐谷浑王国是丝绸之路南道的中转站，吐谷浑人是丝绸之路南道的中介者。在史书中，他们大多以向导和翻译的身份出现。丝绸之路南道长路漫漫，吐谷浑人不仅担负起了指引方向、提供翻译、武装护送等重任，还积极与来自中亚、西亚的胡商们进行中转贸易，他们将大量的丝绸、棉布、瓷器、铁器、茶叶及纸张等从中国南方运到吐谷浑国内，然后辗转销往西域各国，同时也将西域的金银制品、玻璃器皿、香料及珍禽异兽等贩运到国内，销往中国南北的各个市场。

在长距离的国家森林步道上跋涉前进，即使一路有标识标牌、步道安全系统为我们时时指引方向，却也需要一段时间走下步道、走进村庄，向当地居民接收或购买补给，这一路我们可能会遇到来自四面八方的行者，“互市”徒步故事、各方思想，追忆丝绸之路曾经的繁华。

江南人的西部生活

现在的冶力关是多民族汇集地，是藏、汉文化的交汇带。其中的汉族大多是从江淮一代迁徙而来，著名历史学家、民俗学家顾颉刚先生1937—1938年间曾在临潭及其附近进行考察，其《西北考察日记》中写道：“此间汉回人士，问其由来，不出南京、徐州、凤阳等三地，盖明初以战乱来此，遂占田为土著。”

江南水乡民众为何千里迢迢迁徙至荒凉的西北边塞，这依然要追溯到明朝洪武年间。当年平定战乱后，朱元璋不仅派人修缮了新城，筑建了卫城，并“移福京（南京）无地农民三万五千于诸卫所”。因此大量应天府（南京）和安徽凤阳、江苏定远一带的居民迁入，加上留守的士兵，这里俨然成为西部的小江南。这些西迁的江南人为此地带来了先进的生产技术、传统文化和服饰习俗，至今当地人仍保留江淮遗风。现在的冶力关小镇中冶力河穿梭而过，两岸白墙青瓦的徽派建筑，令人仿佛置身于江南小镇。

沿着秦岭国家森林步道西段行进在荒凉的大西北，进入冶力关时，走下步道，走进冶力关小镇，被湿润的空气包围，伴随着窗外潺潺流水的声音安稳地入睡，褪去一路的风尘与艰辛。

（文 / 张伟娜）

第三章

太行山国家森林步道

太行山国家森林步道穿越我国华北地区，南端位于河南济源市，北端至北京延庆区，全长2200公里。途经11处国家森林公园、2处国家级自然保护区、1处国家公园、11处国家级风景名胜区、7处国家地质公园、3处世界自然和文化遗产地。太行山是华北平原和黄土高原的天然分界线，温带天然林广泛分布，是华北民众走向自然荒野的最近平台。中太行和南太行山脊两侧地貌迥异，形成千峰耸立、万壑沟深、绝壁独特的太行景观。穿越佛教圣地五台山、八达岭长城、抗日战争八路军总部所在地等中华地标，极具国家代表性。

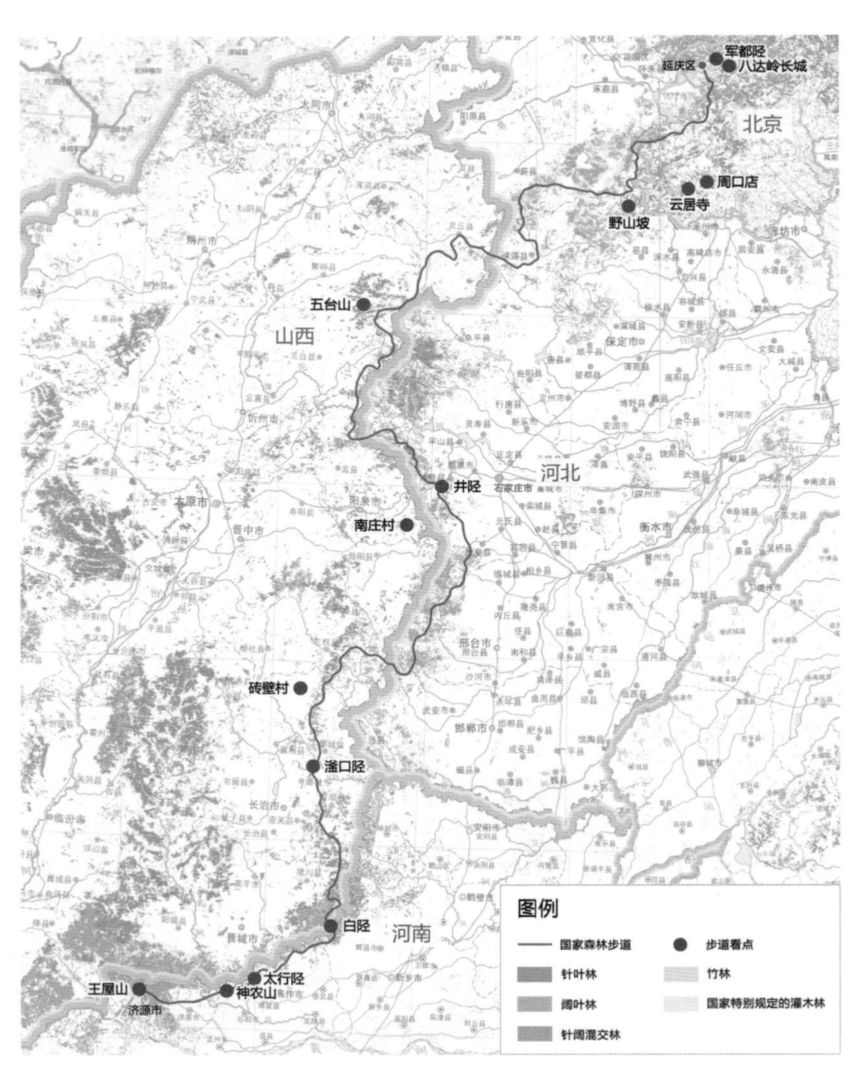

太行山国家森林步道沿途看点（张兆晖　陈樱一 / 绘）

一、大胆地走吧，穿越王屋山

遵循自己内心的召唤，我们踏上太行山国家森林步道，从南向北沿太行山国家森林步道行进，将从太行山脉的最南端——王屋山开始我们的旅程。这个起点将会给我们的内心增加无限的自信，因为这里是流传千古的“愚公移山”故事的起源地，毛主席还曾引用该故事鼓励中国人民战胜困难。带着传统故事的激励，我们开始一趟辛苦的旅程。

在愚公的山里移动

“太行、王屋二山，方七百里，高万仞，本在冀州之南，河阳之北”，面山而居的愚公苦于北部山区的阻塞，进出都要绕道，便召集全家人商量说：“我同你们尽力挖平险峻的大山，使道路一直通到豫州南部，到达汉水南岸，好吗？”此后愚公带着一家人致力挖平面前的大山，即使需要穷尽子子孙孙。最终，感动天，感动地，天帝派下两位神仙，为愚公搬走了家门口的两座大山，没有了高山的阻挡，愚公一家也可轻松从冀南到汉水。

王屋风光（李海源/摄）

当我们行走在王屋山，不时也要感叹一番，愚公是有何等的毅力和信心才敢决定要搬走这么一大座山。而愚公移山的故事走到近代，也开拓了一个新时代。在抗日战争时期，毛泽东在“中共七大”以“愚公移山”为题做了闭幕讲话。将“帝国主义”和“封建主义”比喻为中国人民面前的两座大山，中国共产党发挥愚公移山的精神，不断工作，也会感动全国人民大众，共同推翻这两座大山。

愚公移山虽然是一则寓言故事，从古代到当代，却也借由这则故事激励着一代又一代人。当我们踏上太行山国家森林步道的同时，不也像愚公一样，下定决心完成一趟穿越之旅，不受大山的束缚，不受距离的恐吓，就依靠双脚踏出自己一条体验大自然的通道。

与道家仙人共享一片深山

王屋山作为道家十大洞天之首，全真派的圣地，是中国九大古代名山之一，更是明朝迁都北京前众多帝王祭天之天坛。晋代女道士、上清派第一代太师魏华存著《清虚真人王君传》，称她的师父王褒得道后，被封为“太素清虚真人，领小有天王、三元四司、右保上公，治王屋山洞天之中”。上清派的仙家道士在修炼方法上，注重精神修养，意在通过炼神达到炼形，并不注重符策和外丹。唐上清派第十二代宗师白云子司马承祯《天地宫府图·十大洞天》中言：“第一王屋山洞，周回万里，号曰小有清虚之天，在洛阳河阳两界，去王屋县六十里，属西城王君（王褒）治之。”至于道教何时传入王屋山，已无从考证。南北朝之前，便有道士居于此山，到唐代王屋山道教处于兴盛时期，有一大批道士居此修道，也在山间修建了大批宫观。上访院、白云道院、灵都观等都建于此期间。之后逐渐壮大，到明清之后，道教逐渐衰落，宫观也开始冷清起来，逐渐废弃，至今仅存阳台宫、奉仙观等建筑。

王屋山迎恩宫（邓国晖/摄）

千百年来，王屋山迎来送往，众仙家在此修身养性、寻仙问道。众多文人墨客、帝王将相也不约而同到此地寻幽探胜、陶冶情操。当我们行走在王屋山山间，或许还可见到李白、杜甫、白居易等人的摩崖石刻，品读他们在王屋山留下的名篇佳作。像李白一般“愿随夫子天坛上，闲与仙人扫落花”，也可同白居易一般赞赏一句“济源山水好”，行走在如“刀剑立”的山，“龙蛇走”的水，欣赏一番“虚明见深底，净绿无纤垢”的潭。

与猕猴一起在山间嬉戏

猕猴嬉戏（郭志刚 / 摄）

沿太行山国家森林步道进入到王屋山的深处，临近太行山猕猴国家级自然保护区。该保护区是世界猕猴类群分布的最北界，生活着几千只猕猴，被誉为“中国猴山”。沿着山间河沟，经过那一个连接一个的水潭，或许猕猴们棕色泛黄的身影从山上、树上跳到你的面前，并无视你一般在溪涧捧水而饮；又或许这些猴子们好奇你的帽子、你的背包，凑到你的身旁、跳到你的肩上，与你嬉戏。这些群居在王屋山的猕猴家族多喜欢栖息在石山峭壁、溪旁沟谷和岸边的密林中，他们十多只或数十只集群生活，繁殖季节或缺食的季节，这个集群就稍大些，活动范围也会广一些。在山里行走，可以看到这些猕猴中有挖鸟蛋、抓鸟儿吃的，也有专心抠蚯蚓、蚂蚁吃的，还有的在树上采果子吃的，不过猕猴们还是喜欢长的又甜又熟的果子，碰见不熟的果子，它们往往就果断地放弃并随意扔掉，所以走在树林里，我们还得小心从树上或山坡上飞来的酸果子或果核。

在山里，我们除了可以与猕猴一起嬉戏，还可看见很多野生动物。溪水内会不会偶遇大鲵、水獭呢？或许碰见它们我们也认不出来。至于国家重点保护的野生动物，例如，敏捷的金钱豹、高雅的黑鹳和白鹳，如果碰见它们，也着实是我们的幸运了。

告别嬉戏的猕猴，也就差不多意味着我们快要走出王屋山了，带着王屋山众仙家对精神世界至高追求的加持，秉持从古至今愚公坚持不懈的精神，从王屋山自信、大胆地出发，沿太行山国家森林步道，给予自己身体和精神上的双重历练。

（文 / 张伟娜）

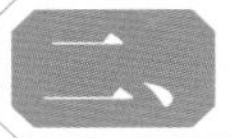

二、“龙脊长城”神农山，九州奇观白皮松

在太行山山脉南麓的群山峻岭中，有这样一处隐秘山林，因其独特的地质地貌，成为我国首批世界地质公园之一；又因其丰富的动植物资源、风景资源，成为太行山猕猴国家级自然保护区、国家5A级旅游景区，这就是位于焦作市沁阳市的神农山。现在，我们沿着太行山国家森林步道，探索神农山的独特之处。

地质奇观，“龙脊长城”

“龙脊长城” 位于神农山的主峰紫金顶，海拔1020米，是两条峡谷间高耸的龙脊状山岭，长约11.5公里，高100~200米，宽仅数米至10余米。远观“龙脊长城”，只见巍巍长岭拔地而起，两侧是刀劈斧削的悬崖绝壁和深不可测的幽谷险壑，尽显南太行的阳刚之气和雄浑之美。整个山岭由石灰岩构成，近水平的层理和垂直节理共同将石灰岩切割成大小不一的块体，好像一块块巨石堆砌的石墙，一岭九峰、岭若长墙，

神农山云海（张建设 / 摄）

峰似烽火台，俨然一座大自然造就的“天然长城”。

何人有如此神力，用一块块巨石在峡谷间整整齐齐地垒出一道城墙？经过地质学家研究，原来，4亿多年前的古生代，这里还是海洋环境，经过上亿年的时间，沉积了深厚的、层理清晰的碳酸盐岩。到了1亿多年前的中生代，发生了强烈的燕山运动，地层被水平抬升，抬升过程中形成很多竖直节理，将岩层分割成一块块方形巨石。之后，又随着河流沿竖直的节理对山体进行侵蚀，便形成了现在的龙脊长城。

野生白皮松原生地

“龙脊长城” 两侧悬崖绝壁分布着非常珍稀的白皮松群落，是全国数量最多、分布最集中的野生白皮松原生地，也是我国天然白皮松林分布的最东端。白皮松是我国的特有树种，多生长在石灰质土壤上，早期生长非常缓慢，由于其生物学特征及人为破坏，白皮松天然林在我国仅零星分布，原生种质资源稀缺。“龙脊长城”现有16000余株白皮松，其中，上千年的就有500多株，据专家考证，最大的已有3800年。为开展群落结构特征、种质资源的多样性等研究提供了良好的条件，具有非常重要的生态、科研、文化价值。同时，这些古松屹立千年，为研究当地自然环境变迁提供了重要依据。一些生态学家根据白皮松年轮反应的气候信息，推测出过去200年间神农山的气候变化情况。此外，这些古松无一不是生长在条件恶劣的岩缝中，盘根错节，姿态各异，有非常高的观赏价值。

山野精灵，太行猕猴

太行山南麓猕猴共有十几群，几千只，是目前世界上野生猕猴分布的最北限。太行山猕猴是中国特有的猕猴亚种，与其他猕猴相比，在形态、生理、生态、遗传等方面均具特殊性，具有重要的科研价值和保护价值，被列为国家Ⅱ级重点保护野生动物。神农山地区是太行猕猴分布最集中的区域，与周边云台山、王屋山等共同建立了太行山猕猴国家级自然保护区。太行山猕猴个体稍小，颜面瘦削，通常多灰黄色，终年栖息于针阔叶混交林、灌木林及悬崖峭壁之间。行走在神农山，经常可以偶遇太行猕猴，每一只都是大眼睛、红脸蛋的美人猴，它们机灵好动、动作敏锐，在山林中攀爬跳跃，为大自然的青山叠翠和深山峡谷平添了无限的生机和灵气。

（文 / 史琛媛）

龙脊长城（张建设 / 摄）

三、晋豫咽喉——太行陉

太行陉是古代人们出入山西、河南的咽喉要道，许多帝王将相也曾在此经过。而如今，作为太行山国家森林步道的重要组成部分，太行陉也将再次焕发生机，继续书写自己的美丽传奇。

领略太行峡谷风情

南太行，是太行山脉中最美的一段。而在南太行中，最漂亮的则是其峡谷。沿着太行陉古道徒步，太行峡谷风光尽收眼底，此地一年四季都是风景，春季百花盛开，夏季绿树成荫，秋季满山红叶，冬季银装素裹。

河南青天河峡谷群，山谷幽深，风光优美，具有“北方三峡”“桂林山水”之美誉。佛耳峡、观音峡等是青天河峡谷的精华。佛耳峡中的步道全长约2公里，步道两侧植被茂密，树木繁多。徒步观看峡谷景色，曲径通幽，蜿蜒曲折，变换万千。徒步到峡谷中段，视野豁然开朗，周围峡谷环绕，峰峦叠嶂，树木苍翠，云雾缭绕，可同

南太行（图虫创意 / 供）

时看到峡谷、林海、花海、云海在此交汇的奇异景观。观音峡崇山峻岭，山水交融，五步一景，十步一重天，叫人流连忘返。

山西珏山省级森林公园中的峡谷，风光旖旎，大自然的鬼斧神工，造就了众多高峰峡谷、清泉横流。珏山的峡谷以秀美雄奇而闻名，双峰之峭、吐月之妙、红叶之美、峡谷之幽，让徒步者叹为观止。珏山的历史文化底蕴深厚，早在东汉时期就被辟为道场，与湖北武当共奉玄武神，被称为“中国北方道教第一道场”。由于山顶建有以道家建筑为主的庙宇台阁，在云雾缥缈时，游人驻足期间，就仿佛置身于天宫之中、融身于蓬莱仙境一般，非常美妙。

“八百盘”羊肠坂

太行陉古道是南太行最险要的道路之一。提起太行陉，不得不说羊肠坂，因其在山间崎岖环绕、弯弯曲曲、形似羊肠，故得其名。羊肠坂南起河南沁阳市常平村，北抵山西泽州县碗城村，全长约4公里，全段地势险要，易守难攻，是历代兵家必争之地，具有重要的战略地位。周边的历史遗迹星罗棋布，现存有天井关、孔子庙、星轺驿、碗子城、孟良寨等10余处建筑遗址、哨卡、城寨和题刻。

当徒步至羊肠坂，才能体会到众多帝王将相所感慨的行路之难。羊肠坂盘旋在海拔200～940米，峰峦叠嶂、沟谷纵横、悬峭连绵。在古代，古道两侧古柏参天，动物出没，阴森恐惧。其道路曲曲折折，宽处可过马车，窄处只能单人行走。

在古代，太行陉古道地势险峻、战略扼要，此道成为出入晋豫两省的必经之地。传说，帝尧曾多次通过羊肠坂到怀州地巡狩；西周建立后，西伯侯姬昌经过羊肠坂征伐商朝的鄂国；春秋时期，孔子游说赵国，曾过羊肠坡。战国末期，秦将白起伐韩之野王，曾使人经羊肠坡到赵国实施“离间计”；东汉末年，曹操北征叛将高干，路过羊肠坡适逢大雪，面对军旅生活的艰辛感慨万千，写下著名诗篇《苦

佛耳峡风景（常四化/摄）

南太行（常体英/摄）

寒行》，羊肠坡也由此更名为羊肠坂；清朝同治年间，摩刻“古羊肠坂”4个大字。众多帝王将相、名人大家从羊肠坂经过，感慨行路之难，足见此道在当时的地位。

晋豫第一雄关

晋豫两省交界关口众多，但是最著名的是天井关。它又名雄定关、平阳关，因关前有三眼深不可测的天井泉而得名。

古代天井关的战事不断，发生过大小战争数百起，是历代兵家必争要地。据史料统计，曾到达过天井关的古代帝王有13位，著名将领、大臣、史学家、文学家超过百位。他们在此留下了大量珍贵的诗文和碑刻，为古隘驿亭增添了无限的光彩。这些诗文和碑刻，向后人客观记录了当时天井关及其周边的自然风光和社会面貌，具有极其重要的研究价值，是十分宝贵的历史文化遗产。

天井关是由一系列关隘驿亭组成的，星轺驿、横望隘（大口隘）、小口隘等是其重要的组成部分。星轺驿从唐朝年间一直延续到清朝末年，是设置在拦车村历史最长的官办机构，家喻户晓的“孔子回车”典故也出自此地。

横望隘，唐朝武后时期的宰相狄仁杰路经此地北上时，登山遥望，白云孤飞，于是便想起留在河阳的父母而怀情吟诗，泽州太守为之刻石纪念，因此得名。小口隘位于小口村南，两侧崇山峻岭，崖陡沟深。隋炀帝在去位于河南沁阳的御史张衡家中时，也曾在此地通过。

惊叹千年的“小城”

碗子城，是羊肠坂道上的一处关隘。在世界城堡中它的名字还不够响亮，但绝不是一个默默无闻的小字辈，它见证了中国历史上许多重大事件的发生，几千年来留下了众多的历史遗迹。

碗子城修建于唐代初期，由大将郭子仪率领部队而建，规模不大，由青石垒成，呈“圆碗状”，所以称“碗子城”。它是我国现存最小的城，是历代镇守天井关的驻兵之地，是羊肠坂上重要的军事哨卡，也是“北达京师、南通河洛”的重要关隘。

碗子城的每一块石瓦，都记录着岁月飞逝的痕迹。碗子城四周，有多处古长城遗址，其中战国时期赵国石长城是我国历史上最早建筑的长城之一。在碗子城西南侧有“佛爷坪”，供奉宋元时期的石佛像一尊，距今已有近千年的历史。在碗子城对面半山腰上，抗日战争时期建设的地道和地洞至今保存完好，洞内有大型石床、水池和厕所各1个，可以同时容纳上百人居住和生活。洞外有18个整齐排列的圆形石碓，是为驻军加工粮食而建设的。由此可见，碗子城面积虽小可作用却不小，是古人留下的伟大作品，令后人仰慕和惊叹。

（文/谷　雨）

南太行风景（常四化/摄）

四、八陉上的谜道——白陉古道

白陉为古太行八陉的第三陉，属南三陉中段，位于河南省辉县市薄壁镇与山西省陵川县之间，全程百余公里，因傍白鹿峰而得名白陉，又因其南段关隘为孟门关，亦称作孟门陉。白陉自古便是贯通豫北、晋南的交通隘道，是晋商通货东西、交流南北的重要商道，犹如太行山中一条“丝绸之路”，同时还是一条重要的军事要道。白陉古道有着十分有趣且精彩的谜题，让我们一探究竟。

起源之谜

白陉古道路面（宝泉景区策划部／供）

白陉古道起源有多种说法，初期一直是个谜。白陉古道第一关隘是孟门关，据《左传》中孟门描述，推断白陉古道有着2500多年历史，但早期有人根据《史记》中孟门描述，曾对白陉的历史起源提出质疑，直到近代《春秋左传正义》做了注解，“孟门，晋隘道”，提到孟门古道是进入晋国险要的通道，之后普遍认为白陉古道起源于春秋时期。历史上首次出现“白陉”，是在东晋时期《述征记》中，将白陉列为太行第三陉。至今，白陉古道的起源仍是一个历史谜题。

线路之谜

白陉古道曾经被认为仅有一条，直到2016年，CCTV-10科教频道《地理·中国》纪录片“太行寻奇·白陉谜道”中出现了宝泉古道，经证实，宝泉古道是白陉古道的另一个分支。古道起点相同，从起点薄壁镇到十里河河道段，这一段的路线却不相同。一般人们普遍认为，白陉古道线路是从薄壁镇出发，过孟门，下到山西陵川县的关爷坪，再沿十里河河道溯流而上，翻过七十二拐，达山西省陵川县的横水河村。而《地理·中国》纪录片中的科考结果显示，古道分支是从薄壁镇出发，经西老爷顶，过宝泉峡谷，再沿十里河河道而上至山西。纪录片中这一段线路与普遍认为的线路大有不同，也就是说，白陉古道可能中间有两条线路。

宝泉大峡谷（王劲松 / 摄）

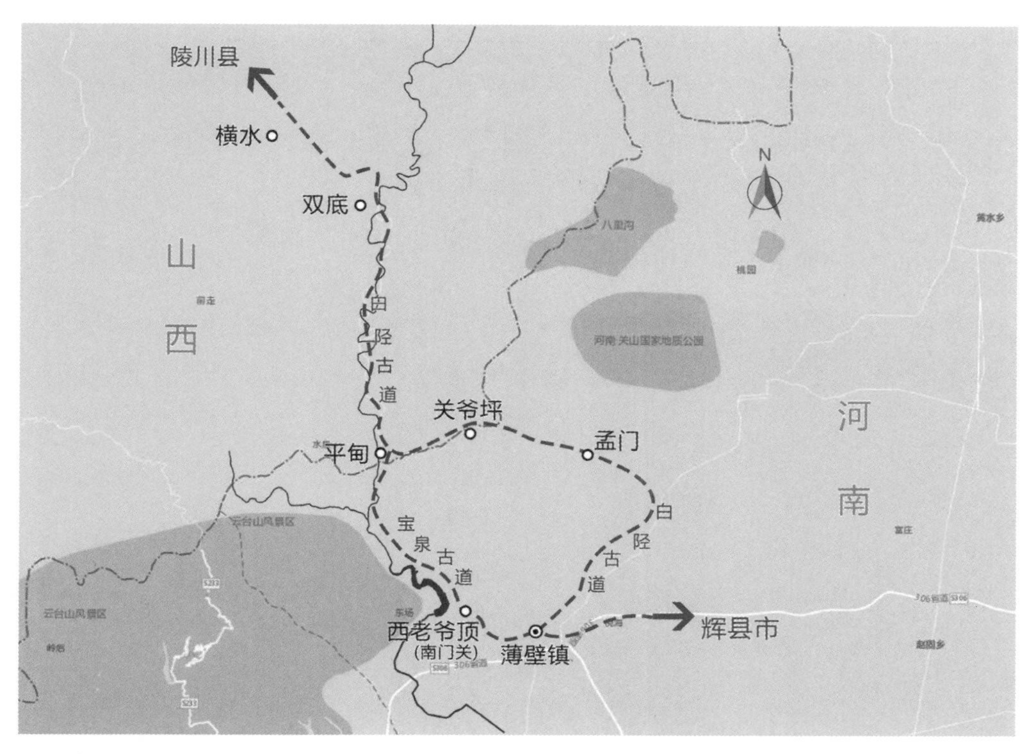

白陉古道示意（张　勇 / 绘）

然而，倘若宝泉古道真与白陉古道有关，宝泉古道与白陉古道相距仅20公里，古人为何要修两条线路呢？

原因主要有二。其一，白陉古道的起点薄壁镇是历史上商贾汇集、骡马成群的商贸重镇，据记载这里曾有商号100余家，还有关公庙等大型建筑群，但孟门关隘坡道较陡，肩扛背托尚可行走，并不适合骡马运输。其二，节目中考察队发现薄壁镇东北部沿村附近有汉代冶铁窑遗址，查出历史上沿村附近有百座冶铁窑，可村附近并没有大规模浅层铁矿储量，据资料显示距沿村冶铁窑最近的古代铁矿洞是位于太行山深处八宝洞，两者之间被悬崖绝壁阻隔，仅能通过白陉运输，孟门关隘又不便骡马通行。种种证据说明，通过孟门关隘的古道并非唯一通道，宝泉古道是白陉另一条古道。

那么新的问题又产生了，宝泉峡谷长10多公里，谷深300多米，峡谷两岸峭壁陡立，壁如斧削，异常难行，更何况劈山开路，非人力所能为，宝泉古道是如何开路的呢？古道选线并非易事，一蹴而就，是古人认识自然并利用自然的文明发展历程。宝泉古道选线既绕过了陡峭难行的孟门关隘，又避开了潭头瀑布的天然屏障，终开在宝泉峡谷20公里绝壁上。现代技术施工尚难度很大，绝非古人人力所能为之，其实是古人借了自然这个好帮手完成的。宝山峡谷上层为易于风化的泥质灰岩，下层是坚硬的变质砂岩，漫长岁月中，泥质灰岩被风化成泥土、碎石后，随雨水冲下山崖，而坚硬的变质砂岩却保存了下来，自然之手在宝泉峡谷绝壁上，侵蚀出了一条非人力能开凿的通道，古人巧妙利用这一特殊地形，建起了难以想象的绝壁栈道，成为一条“自然之路”。

票号之谜

照兴义号（宝泉景区策划部/供）

票号是中国古代的金融机构，一般存在于大的市镇，太行深山中的白陉古道上竟藏有一座票号，不得不让人感到惊奇。这座票号位于白陉古道与宝泉古道的交会点平甸村，该村是人们穿行古道必经之路，村内“照兴义号”票号是古道上唯一的票号，促进了当时古道上商业贸易的繁荣，老建筑至今保存完好，大门口设有营业房，院内主房7间，东西厢房各5间，青石房基、考究瓦片、精美雕刻，彰显着昔日荣光。

票号的存在让村子热闹非凡，车水马龙，这么多的人口往来，必然要提供充足粮食，种植粮食就需要土壤，村子地层下面是坚硬变质砂岩，无法耕作，后山却有适合农作物生长的土壤，那土是哪来的呢？原来平甸村地处三面环山的小盆地内，拥有独特小气候，暖湿气流会凝聚于此，再加上峪河穿流而过，降水量充沛，雨水携带大量风化的泥土，即风化的泥质灰岩，沉积到盆地，形成近50厘米厚的土壤，刚好是庄稼生长需要的土壤厚度。土壤、雨水、气候三者完美搭配，为当地人开荒种田、村舍建设提供了优厚的自然条件，这是大自然又一次恰到好处的馈赠。

通天“之”谜

七十二拐是白陉古道上的点睛之笔，隐藏于两山屽豁中，不走近古道，是无法发现山缝中竟藏有一条“通天道”，巧妙隐藏古道，正是古人尊重自然最好的佐证。古道沿悬崖绝壁之腰而行，下到双底村，唯一可选之路有300米高差，条件如此恶劣，古人竟想到利用两座山之间屽豁，当地称为“堎”或“坂”，在陡坡上修筑“之”字形上下山的道路，如一条通天“之”梯，所谓“山巅羊肠鸟道”也，集白陉古道风景之精华。七十二拐共有72个转折拐弯，路面宽约2米，每一个拐长4~8米，总长约1500米。随着山的陡峭程度，“拐”越来越短，越来越密，越来越陡，越来越急。七十二拐全部用石块铺筑，便于车马通行，每一层都有石砌的塄以保证“拐”的抬高，局部地段还在路边修有宽高均为0.3米的边墙，以防人仰马翻，用心之细，震撼笔者。

白陉古道保存相对完整，沿途历史遗存极为丰富，随着太行山国家森林步道的兴起，越来越多徒步爱好者将踏上白陉古道这条满是谜题的精彩之路，它的神秘面纱将被逐一揭开。

（文 / 张　勇）

五、太行八陉之第四陉——滏口陉

太行山国家森林步道与滏口陉相交于山西长治。滏口陉有东西两个陉关，东口是邯郸峰峰滏口关，西口是长治黎城东阳关。广义上的滏口陉要西过黎城、潞城，东过彭城，而狭义上的滏口陉仅为邯郸鼓山与元宝山之间的峡谷。历史上这里是咽喉通道，曾战火纷飞，也曾一世繁华。

滏口陉之名

“滏口陉”非“釜山行”，并没有惊悚的故事发生，但这里也曾是兵家所争之地，还曾血染一河之水。

中国现存最早的古代地理总志《元和郡县图志》（唐·李吉甫著）一书中记载：“八陉第四曰滏口陉，山岭高深，实为险阨”。而有关陉名之由来，在《魏书·地形志》中记载：“临漳有鼓山。鼓山，一名滏山，在县西北四十五里。滏水出焉。泉泉源奋涌，若滏水之汤，故以滏口名之。”临漳即位于太行山东麓，现河北省邯郸市最南端的临漳县，滏水即为现滏阳河。

血染滏水

古人云，“由此陉东出磁、邢，可以援赵、魏。”滏口陉是古道晋冀豫3省穿越太行山相互往来的咽喉通道，是3省边界交错的山岭之间的重要军事关隘所在之地。

战国时期，还在晋国做官的赵氏家族，通过滏口陉翻过太行山，在邯郸建立了自己的飞地，并逐步建立赵氏国家。日后赵国逐渐强大，成为了秦国东出滏口陉称霸中原的障碍。赵秦两国在滏口陉山间谷地交战100多年，互有胜负，最后在滏口陉上演了历史上著名的“长平之战”，秦国名将白起大战“纸上谈兵”的赵国赵括，最终秦军歼灭40万赵军，加速了秦国统一中国的进程。

到了汉代，少了战争的残酷，滏口陉迎来了一时的繁荣，山西众多商人通过这

滏口陉东出太行直下邺城的捷径——武安响堂山北侧的鬼道（司建平 / 摄）

邺城邢州通往并州的必经之路——武安荒庄村东山岭古关隘（司建平/摄）

里到达邯郸“商业都会”做生意，在滏水岸边，也曾留下一串串马蹄声。可到了汉末，随着战乱重起，滏口陉再次见证了一次次的战争。交战的双方或凭滏口陉之险取胜，或因滏口陉之险而败，还真是成也滏口，败也滏口。“曹操滏口陉邀击袁尚”，袁尚就因居自保之心，依险沿小路从滏口陉而出，曹操得此知其士气不足，故在滏水边迎击袁尚，使其败退中山。此后曹操征战孙吴，数次往返滏口陉，还曾挥笔写下传之千古的《苦寒行》。

经过无数次铁蹄战马来来往往的蹂躏，尸埋鼓山，血染滏水。滏口陉也迎来了辉煌的时代。在东晋十六国时期，邺城五朝为都，滏口陉距邺城不足百里，为邺城的西门户，自然作为要塞戍守。南北朝更是成为了北齐两个都城之间繁忙的官道，可此后滏口陉仿佛从地理书上消失一般，《新唐书·地理志》《元丰九域志》《明史·地理志》等均未再提及滏口陉。

国都间的官道

南北朝时期北齐有两个政治中心，即位于今河北临漳县邺镇的国都和山西晋阳的陪都。因此北齐皇帝和他的大臣们就需要频繁穿梭于晋、冀、豫，滏口陉也就成为二都之间往返的通道。北齐仔细呵护这条通向山西的通道，他们不仅修整了河谷中的道路，还在响堂等地开凿石窟，修建庙宇，既为礼佛，也为往来商旅、行者提供行宫，这条古道也成为一条“北齐文化带”，分布着南北响堂石窟、蜗皇宫石刻。从此，位于滏口之右的南响堂石窟中的大佛，双眼微闭注目着滏口陉来往不绝的人们，露出神秘的微笑。而如今，沿这条山西长治通往邯郸的主要路线，公路、铁路均得到开发，输送着来来往往的行者。

响堂石窟（王健方 / 摄）

娲皇宫石刻（涉县林业局 / 供）

瓷器向西

随着历史的车轮来到宋朝，滏口陉终于随着政治中心的转移渐渐远离了战争的烽火硝烟，开始平和下来。自宋朝起，滏口陉逐渐成为了一条商业通道，造福太行山东

西的百姓。彭城的陶瓷、西部山区的山货、煤炭，便由此道来来往往。而此间最著名的商品非“磁州窑瓷器”莫属。磁州窑是古代北方最大的民窑体系，窑址位于现河北邯郸峰峰矿区的彭城镇和磁县的观台镇一带。“磁州窑”之名源于北宋，有“南有景德，北有彭城（磁州）”之说，可见磁州窑在当时的陶瓷行业中有着极其重要的地位。磁州窑鼎盛时期，“千里彭城，日进斗金”，而这一盛世的实现，也多受益于滏口陉。当地人将烧制好的瓷器经古道向西给了晋商，再由他们行销全国各地。晋商在这时扮演着举足轻重的角色。更有甚者，晋商仿照太原的晋祠，在滏口陉东口纸坊村也建了一间晋祠。

磁州窑瓷器（磁县林业局 / 供）

磁州窑

磁州窑创窑于北宋中期，并达到鼎盛，南宋，辽、金、元，明、清仍继续烧制，烧造历史悠久。磁州窑以生产白釉黑彩瓷器著称于世，黑白对比，强烈鲜明，图案十分醒目，并且创造性地将中国绘画的技法，以图案的构成形式，巧妙而生动地绘制在瓷器上，极具艺术魅力。现藏于日本兵库县白鹤美术馆的一只龙纹瓶，被日本政府及民间视为国宝级器物。几年前，国内外有关专家估价6000万元人民币。（摘自《马未都说收藏·瓷器篇（上）》）

山前无路

虽说滏口陉山岭高深，实为险阨，但滏口陉是太行八陉中地势起伏最小的。地质学家范晓说，“滏口陉实际上是把长治、潞城、黎城、涉县这些太行山里的盆地给串联起来了，也因为有了一连串的盆地，所以几乎感觉不到很大的地形反差，就穿过了太行山主脉。”但这只是限于东西向翻越太行山。沿太行山国家森林步道，南北沿太行山徒步行至“陉”，山岭高深就着实成为一道越不过去的坎，我们不得不面对山前无路的状态。

（文 / 张伟娜）

六、百团大战的发起地——砖壁村

砖壁村位于山西省长治市武乡县东45公里，地处太行绝顶，崇山峻岭之中，周边群峰叠嶂，丘谷起伏。砖壁村不仅是八路军总部太行旧址所在地，更是威震中外“百团大战”的发起地，被誉为“没有围墙的八路军抗战历史博物馆”，并且是与井冈山、延安、西柏坡齐名的红色摇篮和革命圣地。今天已成为一处青少年革命传统教育、爱国主义教育、国防教育的重要基地，是我国对外的一个重要窗口。

八路军总部太行旧址

1939年7月15日，从八路军总部来到这个位于太行山巅的村落算起，至今已烫印下长达80年的红色烙印，见证了新中国破而后立、百废待兴、蓬勃发展的完整历史阶段。1939年7月初，日军对晋东南地区发动“第二次九路围攻”，妄图消灭八路军，摧毁抗日根据地。为避开日军锋芒，八路军总部由北村出发，沿浊漳河流域，于7月15日抵达武乡砖壁村。砖壁村素有“砖壁天险”之称，三面临崖，一面靠山，不钻沟无以觅路，不爬坡难以进村，仅村西有一条峡谷马道通往山外，易守难攻的险要地势，让八路军总部选择了太行山区这个普通的村落，也注定了这个普通村落的不平凡就此开始。自八路军总部进驻砖壁村，这个普通的山村便成为指挥华北抗日游击战争的司令部和华北各抗日根据地的“神经中枢”。

总部“三驻两离”为哪般

抗日战争时期，八路军总部在砖壁村共驻扎了248天，有意思的是曾3次驻扎此村，中间离开过两次。第一次离开是因为此地闹水荒，为了不影响老百姓吃水问题，朱德总司令将总部转移至王家峪村；7个月后，随着雨季到来，总部又返回砖壁村。第二次离开是因百团大战后，日军大规模扫荡和报复，当时八路军驻总部战斗人员仅2000人，为日军人数的十分之一，虽开展了砖壁保卫战，却因寡不敌众，被迫转移至

辽县武军寺。前两次驻扎是因为这里险要地势，而第三次回来是彭德怀副总司令为了纪念在“十字岭”战役中牺牲的左权将军，又返回砖壁村。每一次的离开和返回，折射出八路军心系百姓、有血有肉的光辉形象。驻扎期间，八路军为砖壁村打了3口水井、7口旱井，掘池筑坝，解决村内长期缺水问题。彭德怀还在庙中亲手栽种了一棵榆树，为村里的孩子修建了篮球场，如今这棵“将军榆”已成参天大树。

百团大战的发起地

百团大战是抗日战争时期我军参加兵力最多、规模最大、时间最长、战果最丰富的一次战役，而这一战役发起地便是砖壁村。1939年夏季，日本军队集中分散兵力，以交通线为依托，对华北地区的抗日力量连续发动大规模扫荡，实行“囚笼政策”，企图彻底摧毁抗日根据地。针对如此恶劣的环境，1940年7月，由总司令朱德、副总司令彭德怀亲自在砖壁村下达《百团大战预备命令》，要求“彻底破坏正太铁路若干要隘，消灭部分敌人，拔除沿线若干据点，较长时间切断正太线交通，打击敌之囚笼政策”。在8月20日，129师、120师和晋察冀军区同时发动了105个团20余万兵力，整个华北地区都变成了战场，战斗夜以继日，打破了敌人的整个经济、交通和封锁网，此役大小战斗共近2000次。日军把这次战役称为“挖心战”，并把8月20日定为“挖心战纪念日”。百团大战在中国抗日战争史上抒写了光辉的一页。百团大战粉碎了日军的“囚笼政策”，推迟了日军的南进步伐，极大提高了八路军的声望。

红色旅游带来转机

尽管砖壁村在军事上作为重要的战略要地，但险要地势限制了经济的发展。砖壁村地处偏远，山沟阻隔，干旱少雨，土地面积1.2万余亩，但耕地不到1000亩，多在狭窄的台塬山坡上，无任何自然资源，属于纯农业型村，2010年全村人均纯收入为2600元，相对周边村庄是一个穷山村。

2005年砖壁村被列入全国100个红色旅游经典景区。2011年5月30日起，砖壁村结合实际情况，开发游击战体验园，改造总部旧址前沟和砖壁旧村，做强做大核桃经济林、农业观光等特色农业，发展农家乐餐饮住宿业和游击战体验娱乐业。其中较有特色的是游击战体验园，游客可以穿上八路军服装，亲身体验当年八路军战斗、生产、生活的经历和看实景表演。在“十二五”末，砖壁村人均收入超万元，实现砖壁“转

型跨越发展”和“农民收入翻番”的战略目标，同时对周边地区经济社会协调起到了示范引导作用。正是红色旅游和产业转型为这个小村庄带来了转机，让砖壁村摘掉了贫穷落后的帽子，走上了小康之路。

没有围墙的历史博物馆

1961年，砖壁村被国务院列为全国重点文物保护单位。1979年，由国家文物局拨款，组织了省、地、县有关部门，对总部旧址新窑院和李家祠堂、庙宇建筑进行了揭顶翻修、拆除重建和复原新建，并进行室内原状陈列。八路军总司令部旧址是由玉皇庙、佛爷庙、娘娘庙、李家祠堂组合的建筑群，坐北向南，占地15亩，具有北方传统建筑风格。总部旧址布置了7个展厅，10个专题陈列馆，在长达120多米的展线里，有300余幅历史照片和688件珍贵的革命文物，再现了八路军艰苦抗战的光辉历程。革命旧址整体保存完好，由此砖壁村获得“没有围墙的八路军抗战历史博物馆”的赞誉。2016年12月，砖壁村被列入中国传统村落名录。村内至今仍保留着旧址风貌，标语、塑像随处可见，目前还存有炮兵阵地及总部防卫工事、地堡、哨洞等遗址。

当大家踏上太行山国家森林步道时，可以去这个古村落缅怀革命先烈，感受他们战斗生活的地方，感恩当今的幸福生活。

（文/张　勇）

七、晋察冀小延安——南庄村

巍巍八百里太行，风光无限。沿太行山国家森林步道徒步，在太行山中部、温河河畔，有一座美丽的小村庄——南庄村，它靠山面水、历史悠久、山清水秀、风景优美。

晋东传统村落

南庄村，一个美丽富饶的小山村。村庄依山傍水，建筑完整独特，是晋东地区具有代表性的传统村落，2014年成功入选第三批中国传统村落。

村中的建筑依地势变化，房屋大多平行于等高线排列，鳞次栉比。传统房屋建筑有100多处，其中较为典型的槐树院、刘家大院、王家大院、刘家祠堂和八眼窑等建筑，木雕、砖雕、石雕点缀其中，民居院落特色分明，建筑规模庞大。街道风格也十分别致，青石街道、垂花门楼、龙头梁、砖雕石刻独领风骚，极具当地特色。

传统村落的建设离不开勤劳淳朴、兢兢业业的南庄村人民。南庄村的泥瓦木工世代传承，技艺精湛，闻名阳泉。他们的代表作品：阳泉民族剧院、小河村石家花园、平定西关陆家大院、大阳泉遏云楼、礼堂等古建筑，至今还保存完好，具有很高的历史与建筑艺术价值。

晋察冀的“小延安”

抗日战争时期，南庄村是平定路北县政府领导居住和工作所在地，村中小路崎岖盘旋，村旁的温河孕育了民风淳朴、骁勇善战的一代代人。

在中国共产党的领导下，南庄村人民与日伪军开展了保家卫国的英勇战斗。村中群众不分白天黑夜，站岗、放哨，为区领导传送情报，做出了巨大牺牲。为了保护村民，青救会主任史妙笔、武委会主任刘才元、民政委员刘双太的儿子刘保年被日本鬼子抓到监狱杀害。后来的武委主任刘千祥在疏散村民转移时，被日本人连刺7刀后仍不屈不挠、坚决斗争。刘晋民用笤帚疙瘩缴获汉奸盒子枪的经典故事在当地广为传颂。南庄村军民为革命不怕流血牺牲的高尚品质，传遍了平定大地，该村也被平定人民政府授予晋察冀的“小延安”称号。

地下长城——南庄地道

南庄地道闻名遐迩，其易守难攻的作用，就如同地下的长城，在战乱时期起到了保护家园的巨大作用。

村中挖掘地道的历史非常悠久，从清朝咸丰年间开始，村中的大户为躲避战乱，把自己家的地窖加长加宽成为地道。到了清朝光绪年间，富户和大户人家在自家靠崖的窑内挖地道。在抗日战争时期，作为晋察冀边区重要的革命根据地，依托党组织充分发动当地群众开挖地道，使新旧相连，形成了3纵1横、4层结构、22个进出口，共计4条地道，长达4公里的地下网络。村中地道分为供游击队作战用的军用地道以及供群众隐蔽用的民用地道，在水窖、驴圈、石头砌口、窑洞后墙等地方设置有地道口，几乎都经过了巧妙的伪装，不易让敌人发现。

如今村中保留下的地道已经是非常珍贵的历史遗存，应将它完好地保存下去，留给子孙后代，让历史记忆永远流传下去。

（文 / 谷　雨）

南庄地道（张　燕 / 摄）

八、古道史书——井陉

井陉古道，又称秦皇古道、秦皇古驿道，位于太行山脉中段，是“太行八陉”中最重要的一陉，也是太行山国家森林步道的重要组成部分。

太行山最重要的通道

井陉是大自然开辟的“通道”。它是太行八陉中的第五陉，素有“太行八陉之第五陉，天下九塞之第六塞”之称。如果从井陉古道东端河北省井陉县出发，经过土门关、固关、娘子关等著名关口，徒步至古道西端山西省阳泉市，全程将超过百里。

当徒步者沿着井陉古道行走，可以看到历经千年风吹雨打却依然保存完好的路面、可以看到两侧保存完好的历史遗迹。心中会不禁感慨：修建在群山环绕、地势险要的古道，是如何述说自己历史的呢？

从古至今，太行山中的路没有哪条比井陉更重要。井陉古道是使用时间最长的古道，其建设最早可追溯到战国赵武灵王时期，在秦始皇时正式成为“驰道”。回望历史，自井陉古道建成通行以来，历代对其进行维护和修缮，是中国古代重要的战争、贸易、迁徙、文化交流的通道，历经千年而不衰落。时至今日，依然是铁路、国道、高速等现代交通的必经之地。因此，无论是上千年前的井陉古道，百年前的石太铁

天下九塞

“天下九塞”一词出自《吕氏春秋·有始》。书中记载了天下最重要的9处关隘，称之为“九塞”，分别是：太汾（雀鼠谷）、冥厄（平靖关）、荆阮（紫荆关）、方城（楚长城）、崤（函谷关）、井（井陉关、土门关）、令疵（喜峰口）、句注（雁门关）、居庸（居庸关）。其中太汾、荆阮、井陉、句注、居庸均位于太行山山脉上，所以清代地理学家顾祖禹称太行山为“天下之脊”，谁控制了它，谁就可以得天下。

路，还是现今的307国道、青银高速（G20），都在此区域通过，足以说明井陉古道的交通意义和战略地位。

仅存的“车同轨”物证

沧海桑田的历史缩影，凝重深厚的文化沉淀，依稀可见的车辙痕迹，井陉古道不仅是我国仅存的古代陆路交通的实物，还是秦始皇“车同轨”历史的唯一物证。

2017年，笔者作为国家森林步道考察团队的一员，有幸对井陉古道进行了实地探察。据当地工作人员介绍，秦始皇统一中国后，为了加强国家管理，修筑了以咸阳为中心的、通往全国的驰道，这是我国历史上最早的“国道”，井陉古道就是驰道的重要组成部分。也许是历史巧合，在第五次东游途中病亡的千古一帝秦始皇，也不会想到自己下令修建的古道会是他的冥冥归西之路。

古道上现遗存的秦始皇歇灵台，传说就是秦始皇灵车经过时停车晾尸的地方，如今依然安静的横卧在荒山野岭之中。当我们踏在古道的青石板上，可以清楚地看见古代车轮碾压而成的车辙印记，深达30多厘米。内心不禁感慨，历经两千多年风吹雨打、车水马龙的沧桑岁月，古道还可以如此完好地保留下来，不得不佩服前人的高超技艺。

车同轨

《史记·秦始皇本纪》：“一法度衡石丈尺，车同轨，书同文字。”秦始皇统一中国后，为了方便管理国家，修筑了以咸阳为中心的驰道，规定车辆2个轮子的距离统一改为6尺，使车轮的距离相同，叫做“车同轨”。

邮驿史上的活化石

“立鄙守路”小石屋是我国现存最早、最完整的驿铺。虽然它的年龄与井陉古道相比太年轻了，但却被称为我国邮驿史上的活化石。

小石屋是为过往信使、官员提供休息、补充给养的驿站，兼转送官文函件的场所。“立鄙守路”出自于《国语·周语》：“列树以表道，立鄙食以守路”。其意思

是栽树成行，标明道路，途中设馆舍，接待过往官员和信使。这证明古人很早就重视道路的指示系统和生态保护。

徒步到达小石屋前，可以清晰地看见小石屋上的牌匾——“立鄗守路”，可以看到清朝雍正十三年崖壁上镶刻的修路碑刻，可以看见清朝道光年间陕甘总督那彦成撰写的《平安州东路修治石道碑》碑文，这些活生生的证物对研究我国古代邮驿史提供了丰富的史料。

驿铺

清代规定驿道上每15里要设驿铺一所，因井陉路险所以每隔10里设置一所。清朝雍正《井陉县志》“铺舍”一节中有“由县而东，一十里西河，二十里横口，三十里微水，四十里白石岭……”此节后知县钟文英论曰：“置邮传命，王政所必先也。”由此证明“立鄗守路”小石屋是邮传之所。

美丽不朽的古道史书

井陉古道沿途凝结了两千多年的历史文化。这是一条将秦皇历史、背水沙场、明清古驿、拒夷圣地、抗日战场、商运贸易等叠加交织在一起的古道，是一部美丽不朽的古道史书。

历史上，井陉古道地势险峻、战略扼要，所以发生在此处的经典战役非常多，有文献可查的就达24次。战国末期秦将王翦伐赵之战；西汉韩信以少胜多的背水之战；唐代将领郭子仪、李光弼平定叛将史思明的安史之乱；清朝将军刘光才打响抵抗八国联军的庚子大战；抗日战争时期的百团大战等战役都发生在这里。

此外，古道两侧至今还保留了众多古阁、古树、古庙、古碑刻等历史遗迹。在这里，美丽的自然景观与保存完好的历史遗迹高度融合、相得益彰，恰似一幅壮丽的古代山水画卷。

如今国家和地方各级政府以及社会人士越来越重视保护古道、利用古道，作为太行山国家森林步道的重要组成部分，井陉古道将会随着国家森林步道的建设而得到更好保护。千里之行，始于足下。其实井陉古道的自然历史文化远不止于此，如果想了解更多历史故事、体验更多自然美景，不妨亲自去一探究竟。

（文 / 谷　雨）

九、佛国五台山的另一面

一路沿太行山国家森林步道北行，便进入佛国五台山。一提到坐落在山西省的五台山，可以说是大名鼎鼎、无人不知。五台山位居中国四大佛教名山之首，被称为“金五台”，是文殊菩萨的道场，也是享誉世界的五大佛教圣地之一。五台山并非一座山，而是一系列山峰群，五座山峰——东台望海峰、南台锦绣峰、中台翠岩峰、西台挂月峰、北台叶斗峰——环抱整片区域，“顶无林木而平坦宽阔，犹如垒土之台”，故而得名“五台山”。其实除了深厚的佛教文化，五台山的地质结构和自然资源也都独具特色。

华北屋脊造就清凉世界

五台山的北台叶斗峰不仅是五台山的最高峰，也是华北地区的最高点，海拔3058米，被称为“华北屋脊”。北台台高、风猛、天气变化频繁，据历史文献载：在其下仰视，巅摩斗杓……风云雷雨，出自半麓。有时下方骤雨，其上羲晴……时或猛风怒雷，令人惊怖。常有大风吹人堕涧……康熙皇帝也曾写下“清凉无物何所有，叶斗峰横问法华”的诗句。五台山中气候寒冷，北部阴谷处有终年不化的“千年雪”“万年冰”，北台即使在夏天也会偶见降雪，台顶终年有冰，因此盛夏时节天气十分凉爽，故五台山又称清凉山，是北方著名的避暑胜地。

地球早期历史的博物馆

五台山是我国地质构造最古老的地区之一，也是地球上最早露出水面的升迁陆地之一，地层完整丰富，是全国地质科考的重点地区。五台山在经历了“铁堡运动”“台怀运动”“五台运动”“燕山运动”之后，才形成了如今雄浑的山体。第四纪时期，冰川覆盖了五台山，留下了冰川、冰斗等冰缘地貌。五台山各台地貌景观虽然看起来都是夷平面，但形成机制却各不相同，北台夷平面属于冰川地貌，东台夷

平面属于流水地貌，西台夷平面、中台夷平面和南台夷平面则属于构造地貌。此外，壮观的沉积岩、巨大的山脉褶皱、惟妙惟肖的花岗岩石佛、独具五台山特色的山体剖面，都体现着五台山是一座“天然的地质博物馆”。

五台山的形成过程

五台山的孕育可以追溯到25亿年前的太古代，经历了太古代后期与末期的“铁堡运动”与“台怀运动”。到震旦纪时期，又经历了著名的“五台运动”，形成了华北地区最雄浑壮伟的山地。侏罗纪与白垩纪时期，五台山经历了“燕山运动”之后，形成了以“五台群”绿色片岩及“豆村板岩”构成的“五台隆起”。第四纪时期，冰川覆盖了五台山，留下了弥足珍贵的冰缘地貌。

高山草甸与绚烂野花

初到五台山，除了各类佛教庙宇，游客总会被高大的树木与广袤的草甸所吸引。五台山植被的垂直分布十分明显，从山麓到山顶依次是灌草丛、山地灌丛、温性针阔叶混交林、寒温性针叶林、亚高山草甸和高山草甸。其中寒温性针叶林主要包括华北落叶松、白杄、青杄、臭冷杉等，是五台山最主要的森林群落，每当秋季到来，金黄色的华北落叶松与蓝天相映衬，松针随风飘落而下，勾勒出一幅静谧的油画五台山。五台山亚高山草甸面积较大，是华北地区最典型、类型最丰富的亚高山草甸。其中野生牧草种类繁多、生长茂盛，包括北方嵩草草甸、小嵩草草甸、苔草草甸等，远远望去宛如接天绿毯，令人心旷神怡。

掩映在绿色草甸中的是无数色彩斑斓的野花。五台山野生花卉资源丰富，根据野花的颜色可分为白、黄、红、粉、蓝、紫、褐七大类，其中白色野花最多，黄色与红色野花次之。美蔷薇是五台山最主要的野生花灌木，花色粉红，香气浓郁，花可提取芳香油，制玫瑰酱，果实可以酿酒。五台山还可以见到中国独有的迎红杜鹃，一般迎红杜鹃开花的时候，树枝上都还没有叶子，即所谓早春“先叶开花”，娇艳的花朵以蓝天为背景更显纯粹。南台锦绣峰是五台山五峰中野花最繁盛之地，颜色艳丽的小丛红景天生长在石块之间，草地之中遍布白色的梅花草，十分好看。除此之外还生长着一种耐寒植物——金莲花，颜色金黄，花形近似喇叭，僧人常用此花制茶，有清热解毒之效。

五台山草甸（范建中 / 摄）

五台山的野花

五台山的野花主要分布在五台山各台与台怀镇。低海拔地区分布的野花包括地榆、蓝盆花、翠雀、山丹丹等，高海拔地区分布的有胭脂花、黄毛棗吾、狭苞紫菀、勿忘草等。除了草地花卉，灌丛花卉也是五台山野生花卉的重要组成部分。较大型的灌丛花卉包括美蔷薇、土庄绣线菊、东陵绣球、溲疏、萨氏荚等，多分布在低海拔地区的沟、梁、坡地带，集中于台怀及台怀附近。低矮型的灌丛花卉主要分布于高海拔各台区，如金露梅、银露梅及造型独特的鬼见。

青庙与黄庙交相辉映

五台山是我国唯一的青庙与黄庙交相辉映的佛教道场。很多人不理解什么是青庙什么是黄庙，以为这里的“青”与“黄”指的是寺庙的颜色，其实并不是。青庙的“青”与黄庙的“黄”是指庙里的僧人所着僧衣的颜色。汉传佛教的僧人服饰为青色，而藏传佛教，特别是五台山所信奉的藏传佛教为格鲁派，其僧人服饰为黄色，因此青庙代指汉传佛教寺庙，黄庙代指藏传佛教寺庙。

五台山始建于东汉时期；南北朝时期，北魏孝文帝对灵鹫寺进行扩建，北齐时五台山寺庙猛增到200余座。唐代时佛教备受推崇，当时国家规定，全国所有寺院都必须供奉文殊菩萨圣像。由于朝野都尊奉文殊菩萨，视五台山为佛教圣地，所以五台山空前隆盛，成为名副其实的佛教圣地，被誉为中国佛教四大名山之首，并在中国佛

雪漫五台山（王良山/摄）

五台山（范建中/摄）

教界取得统治地位。到了清朝，由于满族皇帝信奉藏传佛教，康熙皇帝下旨，将罗睺寺、寿宁寺等13座寺庙改为喇嘛庙，即黄庙。于是五台山成为一座兼有汉传佛教与藏传佛教寺庙的奇山。

走上太行山国家森林步道，行走在百年古树之中，感受千年积淀的佛教文化，净化自己的心灵，思考人与自然的关系，得到人生的启迪。

（文/王　珂）

十、华北地质演化的缩影——野三坡

野三坡位于太行山山脉与燕山山脉的交汇处，紫荆关深断裂带北端。多期强烈的构造运动和岩浆活动在此留下痕迹，浓缩了28亿年特别是燕山运动以来震撼寰宇的地质变迁史，是华北地质演化的精髓和缩影，被评为世界地质公园。野三坡是北方罕见的融雄山碧水、奇峡怪泉、文物古迹为一体的景点。

天下第一峡

百里峡有天下第一峡的美誉，是华北峡谷的珍品。峡谷最宽处可达十几米，最窄处不足一米，两壁直上直下，谷壁与谷底近乎垂直，如刀削斧劈一般，可以称为“百里一线天”。沿谷底而行，两侧悬崖绝壁、窄涧幽谷，抬头只见绝壁千仞、天光

百里峡（涞水县林业局 / 供）

一线，有“双崖依天立，万仞从地劈”的意境。峡谷内奇岩耸立、草木横生，集雄、险、奇、幽为一体，构成一幅浓墨重彩的大自然百里画廊。百里峡地质遗迹丰富，有距今12亿年前在海底形成的白云岩，可以清晰地看出海浪作用留下的波痕，潮汐作用形成的羽状交错层理，海滨生活的原始藻类保留至今形成的藻叠层石。山体又深又窄的两个岩壁间夹着一块巨石，是亿万年前地质运动时，山顶震落的岩石下落的瞬间裂开的山体再度复合，将巨石夹在中间。巨大的花岗岩发育了许多组垂直裂隙，在垮塌过程中形成岩柱，再经过长期球状风化形成了形如头和脖子的形状，裂隙中的水向下渗透和汇聚，遇到下方不透水岩层又形成了裂隙泉。

洞中有天地

在佛洞塔山的山腰上，有一处幽深莫测的喀斯特溶洞——鱼谷洞，由于山体为石灰岩构成，可溶性强，在地下水的溶蚀以及古暗河的冲蚀下形成了鱼谷洞。目前可进入的有1800米，分为上下5层。洞中有洞，洞洞相连，在洞穴环境下，饱含碳酸的地下水在碳酸盐岩中渗透、流动、沉积，产生了各种类型和形态的洞穴沉积物。如随处可见的石笋、钟乳石、石柱，这些沉积物最高也只有2米，但至少需要200多万年的时间才能形成，具有非常高的保护、研究价值。

鱼谷洞（涞水县林业局/供）

洞内名泉众多，鱼谷泉、神鱼泉、神洞泉、神天泉四大泉群，尤其鱼谷泉闻名于世。鱼谷泉泉口在离地面2米高的山体上，有水桶粗细，每年谷雨季节会从泉口向外涌出大量活鱼，有时一连几天可涌出活鱼逾500千克，为国内外所罕见，被列为世界“八大怪泉”之一。

龙门天关大断壁

龙门天关曾发生过岩浆活动，形成燕山期花岗岩，龙门天关大断壁是花岗岩中的大断层，属紫荆关断裂带的一部分。距今248万~70万年间，紫荆关大断裂以西地壳强烈上升，以东溪流强烈下切，从而形成断裂带。龙门天关是古代京都通往塞外的重要关隘，山势险峻、易守难攻，是历代兵家必争之地。清明两代都有重兵把守，留下了大量人文历史遗迹，大龙门城堡、内长城、龙门天关摩崖石刻等，均被列为河北省重点文物保护单位。特别是山崖峭壁上的30多处摩崖石刻，是华北地区规模最大的摩崖石刻群，被誉为“历史文化长廊”。这些石刻都是明、清时驻守关隘的武官留下的真迹，有遒劲浑厚的楷书，也有运笔自如的行书、草书，为研究古代书法艺术提供了可靠依据。其中，“万仞天关”“千峰拱立”字体高2.15米，笔迹遒劲有力，蔚为壮观。

（文 / 史琛媛）

龙门天关（涞水县林业局 / 供）

十一、石经长城——云居寺

云居寺位于太行山国家森林步道沿线北京房山区境内白带山下，特点是“因经而寺，寺以经贵”，刻经史和建寺史可追溯到1400年前的隋末唐初。寺院坐西向东，环山面水，形制宏伟，经过历代修葺，形成五大院落，六进殿宇，其由于历史悠久，工程浩大，被誉为“佛教圣地，石经长城”，是全国重点文物保护单位。

这里处处有历史留下的痕迹

云居寺历经了各朝代数次的修复重建，因而游客在这里，不仅可以欣赏到唐代寺庙的风貌，还可以根据金、元、明、清等各代修葺的痕迹，领略到各朝各代建筑的风貌。不幸的是，寺庙在1942年遭到了日本侵略军的轰炸毁环，被炮火夷为废墟。1949年后，云居寺经过了两次大规模的修复，如今已恢复了昔日的庄严。山门边上的大理石留有的弹痕等印记，也时刻向访客们诉说着那一段艰辛的反抗岁月。

寺的南北有两座辽塔对峙，北塔是辽代砖砌舍利塔，又称“罗汉塔”，塔身集楼阁式、覆钵式和金刚宝座三种形式为一体，造型极为特殊。塔的四面各建有一座三米多高的小唐塔，五塔形成一个整体，为中国金刚宝座塔的早期实例。寺内及周围山上还有唐、辽、明各代建造的砖、石塔十余座。由于佛教中的宗派相争，寺内保存的石经上有很多人为毁坏的痕迹，让访客们可以感受到历朝历代禅宗和律宗之间的消长起伏。

在这里可以感受浓郁的宗教魅力

云居寺内珍藏着大量的石经、纸经、木版经，号称“三绝”，是重要的佛教经籍储存场所。寺内有纸经藏22000多卷，多为明代刻印本和手抄本，包括了明南藏、明北藏和单刻佛经等各种门类。其中，“石刻佛教大藏经”始刻于隋大业年间，僧人静琬等为维护正法刻经于石。刻经事业历经了隋、唐、辽、金、元、明六个朝代，绵延千年，共镌刻佛经1122部、3572卷、14278块。这样长久的大规模刊刻，确是世界文化史上罕见的壮举，堪与万里长城、京杭大运河相媲美，是珍贵的文化遗产，有“北京的敦煌”、“世界之最”的美誉。

云居寺不仅藏有佛教三绝与千年古塔，而且珍藏着令世人瞩目的佛祖舍利。1981年在雷音洞内发掘出赤色肉舍利两颗，这是世界上唯一珍藏在洞窟内而不是供奉在塔内的舍利，与中国北京八大处的佛牙、陕西西安法门寺的佛指，并称为“海内三宝”。

这里的建筑和藏品有珍贵的艺术文化价值

云居寺密檐式石塔属于一种唐代早期的结构形式，具有很高的艺术价值。其塔基矮小不显眼，塔身为四角形，用汉白玉建造，从第二层塔身开始，每层用叠涩法砌出塔檐，在塔顶处安置葫芦形塔刹。在第一层塔身内设有佛龛，佛龛内的雕像具有典型的唐代艺术风格，是唐代石雕艺术中的精品，具有很高的文物保护价值和观赏价值。

寺内的经书在书法艺术上有着重要的文化价值和艺术价值，特别是“房山石经”，是一部自隋唐以来绵延千年的佛教经典，在佛教研究、政治历史、社会经济、文化艺术等各方面蕴藏着极为丰富的历史资料。新中国成立后，党和政府对云居寺给予高度重视，组织专家对房山石经进行研究，出版了《房山石经影印本》和《房山石经题纪汇编》等一批研究著作。

现在的云居寺已经成为国内外著名的佛教寺院，著名的宗教活动场所，享有“北方巨刹”的盛誉。云居寺特有的幽静地理环境，奇特迷人的秀丽风光，蕴含着浓郁的佛教文化特色，是藏经纳宝之地、祈福迎祥之所。

（文 / 赖玉玲）

十二、中国猿人的故乡——北京周口店遗址

沿太行山国家森林步道北行进入北京境内，沿途可探访享誉世界的文化遗产地——北京周口店遗址。

惊世发现

在北京西南大约50公里的周口店，有座龙骨山。北宋时期，这一带盛产化石，人称“龙骨”，据说把它研磨成粉末敷在伤口上，可以止痛并使伤口愈合，于是，人们把它当作治疗创伤的良药。后经古生物学家研究，所谓“龙骨”不过是古生物的骨骼化石。正因为此，也吸引了不少古生物学家和考古学家来到周口店地区进行考察和发掘。

早在1921年，瑞典地质学家安特生在周口店龙骨山发现了许多动物化石，他断言道“我有一种预感，我们祖先的遗骸就躺在这里”。随后，他发现了一颗臼齿，似人牙，又似猿齿。引起世界考古界关注，也为后来的周口店遗址大规模发掘奠定了基础。

1929年12月，年轻的考古学家、后成为中国科学院院士的裴文中来到龙骨山北坡，看到一个洞穴裂隙，窄的仅容一人进出，他进入洞穴一探究竟，竟意外地发现了许许多多动物化石，天色将晚，就着烛光，冒着初冬的寒冷，他决定继续发掘，忽然，露出一个半隐半现的头盖骨化石，他惊喜地喊道“是猿人！”经过细致而缓慢的挖掘，世界上第一个完整的“北京人头盖骨”终于出土。第二天一早，裴文中派专人进北京，把这一特大喜讯向他就职的中国地质调查所报告。在准备运往北平城前，裴文中抱着被石膏加固、包裹好的“北京人头盖骨”照了一张相片，由

当年裴文中院士怀抱“北京猿人”头盖骨（史料）

于摄影者过于兴奋，焦聚只关注了文物，只拍到裴文中半个脑袋。几天后，裴文中坐着汽车，用自己的被褥，包裹着这稀世珍宝，将它亲手送到北京城里。

“世界上第一个完整的北京人头盖骨”，这是中国考古学家在世界考古界摘取的第一块金牌。这一重大考古发现一经发布，震惊世界。被考古学界定名为“中国猿人北京种”，简称“北京猿人”“北京直立人”或“北京人”，沿用至今，学名为*Homo erectus pekinensis*。

1936年，考古学家贾兰坡接替裴文中继续进行发掘，他在11天里陆续发现了三个“北京人头盖骨”化石。从1927年到1937年的大规模发掘中，裴文中和贾兰坡两位先生，先后发现了5个北京人头盖骨化石。一次次引来世界考古界对周口店遗址的关注。

随后的发掘成果斐然，陆续又发现了山顶洞人、新山顶洞人、田园洞人及大量同时期的其他动物化石，这些古人类、古文化和古脊椎动物化石地点，被统称为“周口店遗址”。

北京发现的古人类化石

北京人：1929—1936年间发掘出距今70万年至20万年的古人类化石，定名“北京人”，后又定名为“中国猿人北京种”。

山顶洞人：1930年发掘出距今3.4万年至2.7万年的古人类化石，定名“山顶洞人”，体质特征与现代人很接近。

新山顶洞人：1973年发掘出距今10万年的古人类化石，定名“新山顶洞人”。介于北京人和山顶洞人之间，属早期智人阶段。

田园洞人：在龙骨山遗址西南6公里处。2003年发掘出距今4.2万年至3.8万年的古人类化石，定名为“田园洞人”。也是最早开始穿鞋，保护身体的人类。

稀世之宝

人类化石的形成难乎其难，需要特殊的条件，比如突然降临的灭顶之灾使人们无法躲避，他们的尸骨才可能在一瞬间被固定遗存下来，经万年变迁后形成古人类化石。世界上也曾出土过其他的古人类化石及遗迹，为什么在周口店发现的“北京人头盖骨”能成为稀世之宝呢？

其一，根据达尔文的进化理论，人类从猿发展到人是一个漫长而逐渐进化的过程，从猿的面貌、体貌特征以及活动行为转变到现代人，中间会经过一个既似猿又似人的过渡阶段，猿人的发现就是这个中间过渡阶段的证明，“北京猿人”处于从猿到人进化过程最重要的环节，可直立行走，会控制用火，保存火种，吃熟食，对火的使用是人类文明发展历程中的重要里程碑，说明人征服自然的能力大大提高。这些特征都接近人类，是人类历史的最早期阶段，所以说猿人是猿的后代，人类的祖先，“北京猿人”作为从猿到人中间环节的代表，被誉为“古人类全部历史中最有意义、最动人的发现”。

其二，除“北京人头盖骨”等大量人类骨骼化石外，还在周口店陆续发现了大量同时期的动物化石、石器使用遗迹、用火遗迹、火烧骨遗迹等，光石器石核就达10万件，可谓硕果累累，是迄今为止发掘出土文物资料在世界同时期古人类遗址中最为丰富、最为全面、最具有代表性的人类远古文化天然博物馆。

1987年12月，周口店北京人遗址被列入世界文化遗产名录。

遗世谜团

堪称稀世之宝的5个“北京人头盖骨”和一批化石却在太平洋战争期间神秘失踪，至今下落不明，成为历史谜团。

据回忆，时值日军占领北平，“北京人头盖骨”化石当时存放在北平协和医院。为了化石不毁于战乱，1941年，负责研究保管化石的中国地质调查所新生代研究室认为要为化石找一个更为安全的存放地点，最终排除了存放在重庆和北平，选择运往美国，暂存于美国自然博物馆。

最后一个见过“北京人头盖骨”的中国人是胡承志，他当时对化石进行了6层精心包裹，用了两个大木箱分别存放北京人头盖骨化石、山顶洞人化石，并为两个箱子写上了编号，“Case1”“Case2”。化石装到美海军陆战队专列上运往秦皇岛，按计划经秦皇岛港口运到“哈利逊总统”号轮船送往美国，负责运送的是离华的海军陆战队退伍军医弗利。但是，第二天，就在弗利等待海轮回美国的时候，日本偷袭珍珠港，美国对日宣战，太平洋战争爆发，弗利被日军所俘。在战俘营中，弗利等战俘陆续收到从秦皇岛兵营运送来的行李，但北京人头盖骨却不见了踪影。

1949年后，国家对不同回忆者提供的北京人头盖骨可能存在的地点进行过探测，但都没有结果。

而2012年最新的一项研究提到，一名当时在秦皇岛的美国海军陆战队士兵理查德·鲍恩回忆，1947年他在秦皇岛美军“霍尔康姆营地”参加战斗，在挖掩体时挖到了装有“北京人头盖骨”的木箱，士兵们把木箱作为机枪垫，他认为，战斗结束后，木箱可能又被埋在了原地。后来研究人员找到了鲍恩所说的“霍尔康姆营地”，已变成了闹市区的一个停车场。研究人员甚至认为，鲍恩是最后一个见到北京人头盖骨的人，在众多关于北京人头盖骨的回忆和推测中，鲍恩的推论是最有可能的。北京人头盖骨也许就埋藏在秦皇岛柏油路面之下。

至今，“北京人头盖骨”失踪之谜依然没有解开。

（文/张　燕）

十三、向世界推出的国家名片——八达岭长城

沿太行山国家森林步道北上，进入北京燕山山脉，临近举世闻名的八达岭长城。

不到长城非好汉

长城，英文被译为“伟大的墙”（The Great Wall），与埃及金字塔等建筑并称为世界八大奇迹。

几十年来，有一个争论不休的传说，1969年7月，美国“阿波罗11号”宇宙飞船第一次载人登月。宇航员从遥远的月球回望地球，能够辨认出中国的万里长城。类似说法一直流传，美国的麦片包装盒上写给儿童看的小知识里，就有这样的话“你知道中国的长城是太空唯一肉眼可见的人造物吗？”，中国的万里长城早已神话般为世人所传。许多外国人知道中国是从长城开始的。

长城暮色（赵　瑞 / 摄）

沿山脊的长城敌楼（赵　瑞 / 摄）

1987年，万里长城被联合国教科文组织列入《世界文化遗产名录》。八达岭长城作为万里长城的代表，接受了联合国教科文组织世界遗产委员会颁发的《世界文化遗产证书》。2002年，又接受了世界吉尼斯总部颁发的“世界最长的墙——长城”证书。两份证书就珍藏在八达岭脚下的中国长城博物馆中。八达岭长城，成为一张向世界推出的国家名片。

八达岭长城作为万里长城中最精华的段落，不仅是各国政要首脑和众多叱咤世界的人物访问中国的游览首选，也是国内外各界人士的热门景点，来中国，必游长城；来北京，必游八达岭。

著名科学家霍金一生中3次访问中国，两次登临八达岭长城。1985年首次访问，在北京师范大学物理系多名学生协助下，霍金登上了长城。2002年，在身体条件更加艰难的情况下霍金执意要再次登临长城，特别是要登上“不到长城非好汉”特指的八达岭长城北八楼，在借助缆车登临后，面对长城独处良久。霍金喜获《八达岭长城登城证书》，实现了成为“好汉”的人生愿望。

2015年10月24日，是联合国成立70周年全球纪念活动日，晚6时至8时，北京八达岭长城北一楼至北四楼，长达539.8米的长城墙体用蓝色彩灯勾勒出来，称为联合国蓝，以此传递联合国和平、发展和人权的理念。

如今，长城的军事防御功能逐渐消退，而作为民族的文化象征，代表中国，屹立世界。

来八达岭看长城，也看风景

八达岭，元代称“北口”，相对而言的南口在北京昌平境内，从南口到北口，是一条20公里长的峡谷，两峰夹峙，一道中开，万里长城的著名关口“居庸关”位于峡谷内，峡谷因此得名“关沟”。而八达岭居关沟北端最高处。

八达岭位于北京西北60公里处的军都山。八达岭长城史称天下九塞之一，是明长城的一个隘口，八达岭长城是明长城中保存最好、最精华，也最具代表性的部分，是

长城黄栌秋色（国家林业和草原局森林旅游管理办公室 / 供）

万里长城最雄伟壮观的一段，也是居庸关的前哨，自八达岭下视居庸关，居高临下。古人有“居庸之险不在关而在八达岭”之说，八达岭作为北京的西大门，是都城北京的重要屏障，所占据的特殊位置，成为历代兵家必争之地。

八达岭长城的基本构成简要来说“两墙两台一关城”。城墙是长城的主体。两墙为城墙外侧的垛口墙和内侧的宇墙（女儿墙），两台为敌台（敌楼）和烽火台。

两墙中，平均高7.8米。外侧的垛口墙较高，防御外敌。内侧墙比外侧墙矮，主要防止作战士兵跌落悬崖。城墙墙基的宽度约6.5米，可保证两辆辎重马车并行或交错。

两台中，在城墙顶上设置了敌台（敌楼），有的结构复杂些，分为两层，下层是由田、井、回等字形组成，上层有垛口射箭，瞭望孔来观察军情，巡逻士兵避寒住宿、储存粮草，极大增强防御能力，敌楼常常被误叫成烽火台。从关城向北延伸的长城，有敌楼12处，向南有敌楼7处，其中，南四楼是观赏八达岭长城的绝佳位置之一；北八楼是八达岭长城最高的敌台（敌楼），又名“观日台”，距离关城有1500多米，地势陡峭，常说的“不到长城非好汉”，就是指要步行到达北八楼方为好汉。

烽火台，又叫烽燧、狼烟台，“周幽王烽火戏诸侯，褒姒一笑失天下”的故事广为人知。烽火台的出现早于长城，巧妙布局在险要处或者峰回路转的地方，3个台能

长城脚下黄栌步道（国家林业和草原局森林旅游管理办公室 / 供）

相互望见，一般相距5公里左右。发现侵敌，如果是白天就燃烟，叫做燧，夜间就点火，叫做烽，传递情报顷刻千里，并以燃烟、举火数目的多少来报告侵敌的多少，军事指挥部门迅速了解敌情，及时应战。有些烽火台孤立建在长城以外的山巅，就地取碎石块垒筑起一个墩台，也不筑墙体，游人很难到达那里，登过八达岭长城的人们常说“我登上了烽火台”，其实是一段段长城顶部的敌台（敌楼）。烽火台还为来往使节提供食宿。

关城，是万里长城防线上的防御据点。关城设置的位置至关重要，选择利于防守的地形处，可以极少的兵力抵御强大的入侵者，起到“一夫当关，万夫莫开”的作用。重要的关城附近还带有许多小关防，以多重防线共同组成万里长城的防御系统。居庸关作为万里长城重要的关口，附近还有南口、北口（即八达岭）、上关三道关防。八达岭因居北，是居庸关抵御外敌的前哨防线。八达岭长城的关城东窄西宽，呈梯形，有东西二门。东门额题“居庸外镇”，西门额题“北门锁钥”。

看长城，也看长城的风景。八达岭长城气温比市区要低3～5℃。“人间四月芳菲尽，山寺桃花始盛开。”春季，繁华如海。乘坐“开往春天的列车”S2线火车前往八达岭长城景区，列车驶入花海的刹那，红的、白的、粉的山桃、山杏林花海扑面而来。尤其在八达岭南段，城墙内外漫山的杏花林，南二楼两侧是用长广角镜头拍摄长城内外杏花纷飞的极佳取景点。10月，北京最好的季节，京城红叶还没有变色，八达岭长城大面积的黄栌已披上秋天的彩装，秋高气爽，蓝天白云，漫山红叶，层林尽染。冬季，大雪覆盖的长城更显庄严巍峨。一览群山，长城蜿蜒，风景因长城而添彩，长城因风景而伟岸。

长城，早已筑入中国人的心中，珍存在人生所览极致风景的记忆相簿。

长　城

长城并非简单孤立的一道城墙，而是由点到线、由线到面，把长城沿线的隘口、关城和军事重镇连接成一张严密完整的防御体系。具有战斗、指挥、观察、通讯、隐蔽等多种功能。

（文/张　燕）

十四、雄关漫道——军都陉

徒步至太行山国家森林步道的北端，可以探访到太行八陉的最北陉——军都陉。

七十二景美如画

军都陉古道，又称关沟古道，位于太行山脉与燕山山脉的交界处。它东南起自北京昌平区南口，西北至北京延庆区八达岭，是北京去往河北怀来、宣化和内蒙古草原的天然通道，自古为兵家必争之地。

古道全长约20公里，共修建有下关（南口）、居庸关、上关和八达岭城关4道关隘。沿着军都陉古道前行，两侧崇山峻岭，中间沙河水流淌，沟坡植被茂盛，风景秀丽，自然、人文风光众多，一路可看的风景实在是太多了。关沟七十二景就是其中的

雪后水关长城（八达岭国家森林公园 / 供）

代表，它是以群山、河流、台寨、驿站和寺庙等为主体的综合旅游景点，是自然景观与人文景观的完美结合。

关沟七十二景，个个好风光、处处有特色。徒步古道，不仅可以亲身体验两山相峙、一水中流的自然风光，还可以想象过去金戈铁马、血战沙场的宏大场景。作为关沟七十二景之一的下棋峰，位于居庸关东南山谷中，从谷底沿南山坡望去，峰顶有3个小峰，就像2个正在下棋的人，旁边坐着一个观棋的君子。位于居庸关东北部的六郎寨，山顶较为平坦，传说宋朝杨六郎曾在此安营扎寨、保家戍边。类似的景观，古道周边还有很多，这些如诗如画的景点，是去军都陉古道不可错过的地方。

由于多种原因，关沟七十二景遗留下来的景点已经所剩无几，古道也被公路、铁路所代替，但是它的历史文化底蕴却依然需要我们去继续传承与发扬。

天下九塞之居庸

居庸关，军都陉古道上最重要的关口之一，是大西北进入北京的门户，具有一夫当关，万夫莫开的气势。《吕氏春秋·有始》：天下九塞，居庸其一也。居庸关山高谷深，雄关险踞，景色秀丽，地形极为险要，自古就是兵家必争之地。它与倒马关、紫荆关、固关并称明朝京西四大名关，与其西南的紫荆关、倒马关合称内三关。城关周围峰峦叠嶂、河流清澈、树木繁盛、鸟语花香、风景壮丽，早在清代就被列为“燕京八景”之一，具有“居庸叠翠”之称。

居庸关的美不输于其他地方，有自身鲜明的特色。当徒步至居庸关，站在城楼上居高临下，俯瞰整个军都陉，高低起伏、连绵不断的山峰，一望无际的花海丛林，密集交汇的公路、铁路、隧道，场面气势恢宏，蔚为壮观。

关城之内，还保存着一个元代修筑的汉白玉建筑——云台。云台的券门上还有阴刻的文字，刻有梵文、藏文、蒙文、维吾尔文、西夏文、汉文六种文字组成的《陀罗

燕京八景

“八景”最早见于宋、元时期，清朝乾隆十六年御定燕京八景：太液秋风、琼岛春阴、金台夕照、蓟门烟树、西山晴雪、玉泉趵突、卢沟晓月、居庸叠翠，当时均立碑并刻有小序、诗文。

居庸关云台（八达岭国家森林公园 / 供）

尼经咒》，极具保存价值。对于研究古代语言文学来讲，云台上的经文是极其珍贵的资料。

关沟里的长城

万里长城是几千年来中华儿女智慧的结晶，是中华民族勤劳、智慧的象征。毛主席曾经说过“不到长城非好汉”，关沟内的八达岭长城和水关长城遗迹保存完好，是中外游客到北京的必游之地。

八达岭长城是万里长城中的精华，工程复杂，形制丰富，展现了长城雄伟险峻的风貌，独具国家代表性。八达岭长城地势险峻、居高临下、山峦重叠，城墙多建在高山深谷处，墙体用巨型花岗岩条石和青砖依山而筑，墙体高大坚固，气势磅礴的城墙像一条巨龙盘旋于群山峻岭之中，一望无际。城墙险要处有城台、墙台和敌楼构成。站在八达岭上，敌楼巍峨、气势宏伟、雄浑豪放，而且敌楼的大小、形制各不相同，用于巡逻放哨或作战，是万里长城建筑的极致和精华。

水关长城修建于明代，是长城中保存最为坚固的一段，以奇、险、坚、陡著称。此段长城自水门箭楼长城呈“V”字形，顺山势而行，似鲲鹏展翅欲飞，箭楼既是敌楼（敌楼是城墙上御敌的城楼，也叫谯楼）又兼具水门功效，此种建筑方式在沿线长城中极为罕见，故名水关长城。水关长城地势险要，墙体分布于崇山峻岭之间，穿行于悬崖峭壁之上，城堡相连，双面箭垛，烽燧相望，拒敌万千。

森林花海

去军都陉古道看历史文化，也看自然风光。古道的自然景色，一年四季都很美丽。八达岭国家森林公园峰峦叠嶂、奇峰秀丽、树木青翠，自然风景美不胜收，享有“长城脚下的绿色明珠”之美誉。当春天与古道大地邂逅，森林公园内的山坡上就会绿意盎然、郁郁葱葱，桃花、杏花以及其他各种野花竞相开放，五颜六色、炫彩夺目，此时的长城犹如在绿树花海中穿行，尤为好看。夏天，微风习习、烟雨蒙蒙，长城就像一条苍龙盘旋于群山之中。秋天是这里最美的季节，秋高气爽，鲜红的枫叶，万山红遍，层林尽染，吸引众多游客前去观看。到了冬天，山舞银蛇，原驰蜡象，银装素裹，一派北国风光。

在每年的四月份，古道两侧的山上会铺满杏花、桃花和其他野花，就像是海中的一朵朵浪花，点缀着整个军都陉古道。这个季节，徒步者沿着太行山国家森林步道到达此地，每当树上的花瓣落下，身处其中，画面十分唯美。但需要注意的是，最近几年到此地观花的游客较多，出现了“花海列车”被一些拍摄爱好者逼停的事件，着实令人震惊。因此，作为一名文明的徒步者，在观赏自然美景的同时，一定要遵纪守法，心中藏有一份期待、存留一份敬爱。同时要树立绿水青山就是金山银山的生态理念，更好地保护我们的珍贵遗产。

（文 / 谷　雨）

第四章

大兴安岭国家森林步道

大兴安岭国家森林步道南起内蒙古克什克腾旗，北至我国最北端漠河县，全长3045公里。途经12处国家森林公园、9处国家级自然保护区、1处国家级风景名胜区和2处国家地质公园。大兴安岭是内蒙古高原和与松辽平原的分水岭，黑龙江源头。步道北段的大兴安岭林区是我国保存完好、面积最大的国有林区，最北部仍处于原始状态。中段拥有亚洲最完整、面积最大的火山地貌景观、森林景色壮美。南段疏林优美，是第四纪冰川遗迹的绝佳观赏地。沿途森工文化、蒙古族文化和使鹿文化浓烈。

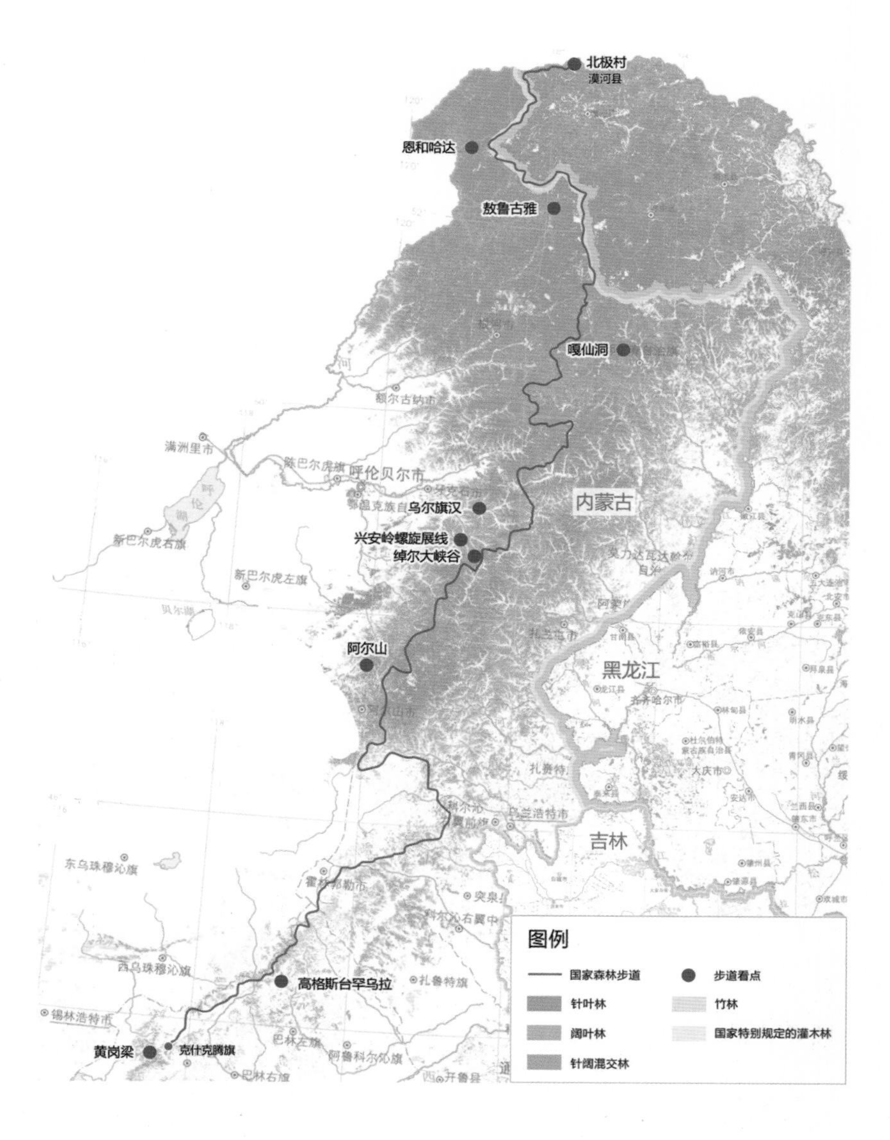

大兴安岭国家森林步道沿途看点（张兆晖　陈樱一 / 绘）

一、黄岗梁，高高的兴安岭

与大兴安岭相比，黄岗梁的名字鲜为人知，但它的风光，却无法用语言表达。黄岗梁集山脉、森林、草原、河流、湖泊、沙地、峰林、岩臼、峡谷、温泉于一身，是大兴安岭的最高峰，一个美丽而又神奇的地方。

大兴安岭第一峰

当人们谈论起秦岭山脉最高峰时，会想到太白山；提起太行山脉最高峰时，会想到五台山；但提起大兴安岭的最高峰时，却很少有人能给出明确的答案。黄岗梁，又称黄岗山脉，位于大兴安岭南部，它由黄岗峰、木叶山、阴山、巴彦哈剌等27座山峰组成，其中黄岗峰海拔2034米，就是大兴安岭的最高峰。当徒步登上大兴安岭的最高峰，俯视远眺，巍峨的兴安岭像一条腾空而起的巨龙，天高云低、视野开阔、林海草原、冰川遗迹、民族风情，身处其中，会令人兴致勃勃，会让人乐不思归。这里的风光，美的无法用语言描述，更超出了人们的想象。

黄岗梁森林（黄岗梁国家森林公园 / 供）

大兴安岭

北起黑龙江畔，南至西拉木伦河上游谷地，东北—西南走向，南北纵跨10.5个纬度，全长1200多公里。大兴安岭是我国重要的地理分界线：季风区与非季风区分界线；400毫米等降水量线；内蒙古高原和东北平原的分界线；地势第二级阶梯与第三级阶梯的分界线；森林草原景观与草原景观分界线。

林海草原

黄岗梁地处蒙古植物、华北植物以及东北植物区系的交汇地带，生物多样性极其丰富，具有非常重要的保护价值。植被有森林、灌丛、草原、草甸和沼泽植被。在山谷中，生长的常绿乔木有红皮云杉、黑松、红松、柏树等；落叶乔木有落叶松、桦、杨、榆、枫、柳、椴、小乔木山槐和紫丁香等，还遍布着菊科、玄参科、十字花科、石竹科等草本花卉。针阔混交疏林草地景观是黄岗梁国家森林公园的特有景观。以开阔草地为主，但与散布其中的白桦林、山杨林、云杉林、阔叶松相得益彰、遥相辉映，林木遮天蔽日，茂密的森林中人、羊、马都难以穿行，构成了层理丰富，远景、近景、中景搭配合理的自然风景。

林海草原之中又养育了上百种野生动物，獐、狍、鹿、狸、獾、豹、野猪等哺乳动物经常出没于山谷之间，林海深处；百灵鸟、画眉、杜鹃、雉鸡、黑琴鸡、沙鸡、毛腿沙鸡等鸟类在林间飞翔、穿行。

花海药山

除了丰富的森林、草地资源，黄岗梁还是花海药山，具有“千花百药山”之称。在黄岗梁1000多种植物中，有40多种名花异卉。从春天到秋天，黄岗梁便成为了大自然美丽的花园。山坡上开放着五颜六色的鲜花，白头翁花、金莲花、杜鹃花、迎春花、紫茉莉、石竹花、月季、芍药、菊花等逐次开放，林间空地是它们的海洋，是它们的领地，是它们的战场。徒步在森林之中，可尽情欣赏草长莺飞、杂树生花、蝴蝶翩翩，那浓郁的花香沁透肺腑、甜润透心，连续成片的金莲花、金雀花、野芍药、干枝梅，把森林点缀得五彩斑斓、绚丽多姿，向人们展示着大自然的无穷魅力。在黄岗梁，最夺目的还是杜鹃花海。春天，在崎岖的山路中，一团团、一片片的杜鹃花竞相

五彩黄岗梁（陆 军／摄）

绽放，给美丽的黄岗梁，披上一套华丽的彩妆。

黄岗梁药材遍布，有中草药200多种，其中，珍贵中草药如黄芪、黄芩、柴胡等遍地分布，有“一把捋三草，草草皆是药”之说。怪不得当地人说，生活在这里的牛和羊是幸福的，因为它们“天天吃的是中草药，喝的是天然矿泉水”。此外，黄岗梁上还盛产山野菜，蕨菜、黄花、白蘑等菜中“三珍”，餐桌上的美味，山白菜、山芥菜、山刺菜等更是难得的佳肴。

冰川遗迹

黄岗梁地区的冰川遗迹，是我国典型的山谷冰川，是迄今发现的保存最完好、地貌类型最齐全、科研价值最高的第四纪冰川遗迹之一。黄岗梁冰川是克什克腾旗世界地质公园的8个园区之一，有冰斗、“U”形谷、角峰、条痕石、漂砾等多种冰川地貌。

黄岗梁地区北部的冰川地貌以石卷天书阿斯哈图最为著名。阿斯哈图，蒙语“险峻的岩石”，地质专家解释说，它是在第四纪冰期的精雕细琢以及岩浆活动、气候变迁、风蚀作用、人类活动等多种因素的共同作用下形成的，所以叫“冰川石林”。阿斯哈图石林十分独特，形态迥异、浑厚粗犷，与黄岗梁冰川交相辉映，让游客和摄影爱好者流连忘返。

苏轼诗曰："横看成岭侧成峰，远近高低各不同。"用在此处恰到好处。黄岗梁地区的冰川石林，从不同的方位观赏，会产生不同的视觉效果，在不同的季节，会产生不同的颜色。因此，只有身临其境，才能完全体会到大自然的鬼斧神工是如此的神奇。

皇岗梁

由于地势险要、易守难攻，黄岗梁自古以来就是兵家必争之地。这里是漠北一带去北京的必经之路，相传地方给朝廷进贡的皇纲都要经过此地，虽然当地官员每年都

阿斯哈图石林（黄岗梁国家森林公园 / 供）

会在进贡皇纲时多派官兵加以保护，但是仍然有皇纲被劫的事情发生，劫皇纲的故事多为真实，现在依然流传，皇岗梁由此得名。因此，黄岗梁，又称“皇纲梁”。

黄岗梁人文史迹众多，金朝大安三年，成吉思汗率兵攻破金朝的边堡，歇马黄岗梁，在此走马骑射，下蒙古棋。至今黄岗梁还保留着成吉思汗歇马石，石凳、石桌上阴刻的蒙古棋盘还完好无损。同时，黄岗梁还是民族大团结的见证之地，清朝康熙二十五年，康熙皇帝曾在此召集并主持了著名的昭乌达塔拉会盟，有效促进民族之间的融合。

（文 / 谷　雨）

黄岗梁疏林景观（陆　军 / 摄）

二、林草相会，荒野鹿戏——高格斯台罕乌拉

内蒙古高格斯台罕乌拉国家级自然保护区位于大兴安岭国家森林步道南段，地处蒙古高原与松辽平原、森林与草原、华北植物区系与东北植物区系过渡的典型地段，森林茂密，草原广袤，河流纵横，物种丰富。保存着完整的山地森林—草原生态系统，是大兴安岭南部山地自然景观的缩影。森林与草原之间生活着数千只最原始的野生马鹿，是鹿科动物繁殖与衍化中心。原汁原味的蒙古族“逐水草而居，食肉饮酪”的游牧生产生活方式在这里传承，是重要的农业文化遗产地。

林草相会

高格斯台罕乌拉北部与蒙古高原的锡林郭勒草原接壤，南与松辽平原的科尔沁草原相连，处于东亚阔叶林与大兴安岭北部寒温带针叶林、草原与森林双重交汇过度

森林草原交错景观（高格斯台罕乌拉国家级自然保护区 / 供）

的典型地带，是连接各大植物区系的纽带和桥梁，保护区自东向西为森林、灌丛、草原的渐变性过渡。保护区东南部为丘陵山地及山前洪积平原区，植被类型以森林为主，山上蒙古栎林遍布，山前平原水草茂盛；中部为中山山地区，森林草原相间，白桦林、山杨林、榆树林、灌丛、草原等随坡向、坡位的变化交替出现；西北部为高原区，植被类型为典型的草原带，溪流交错，水草肥美。森林、灌丛和草原的多样性、完整性和原真性在这里完美体现，是中国北方森林—草原交汇区，东西过渡特征最为明显的地区。春来，万花齐放，草原萌动，生机盎然；夏来，绿阴如盖，草长莺飞，蜂飞蝶舞；秋来，万山红遍，层林尽染，雁阵惊寒；冬来，千里冰封，万里雪飘，银装素裹。

荒野鹿戏

马鹿是仅次于驼鹿的大型鹿类，因为体形似骏马而得名，身体呈深褐色，背部及两侧有一些白色斑点，雄性有角，一般分为6叉，最多8叉。生活于高山森林或草原地区，喜欢群居，善于奔跑和游泳，以各种草、树叶、嫩枝、树皮和果实为食。高格斯台罕乌拉的马鹿属东北亚种，野生种群数量达3000多只，多在白天活动，特别是黎明

马鹿（徐永春/摄）

前后的活动更为频繁。夏季，马鹿零散个体随处可见。进入繁殖期，常见1只雄鹿与5～8只雌鹿在一起活动。冬季常见到8～20只不等的马鹿群体，时而结伴在山坡上觅食，时而结伴奔跑于林间。雪后远观，马鹿及其他动物行走形成的一条条自然小道在林间纵横交错，似一张张蜘蛛网覆盖山野，别有一番景致。高格斯台罕乌拉是野生马鹿重要的栖息地和集中分布区，马鹿种群原始，且能稳定繁殖，这在中国马鹿分布区很少见，是马鹿重要的基因库。

逐水草而居

高格斯台罕乌拉广袤的原始草地，密布的自然河流，巍峨的崇山峻岭，造就了“天苍苍，野茫茫，风吹草低见牛羊”的独特游牧景观。草原与河流为游牧活动提供了充足肥美的水草资源；森林与山地不仅为游牧民提供制作蒙古包、马鞍等生产生活用具的优良木材，还是牧民们冬春、夏秋之间南北迁徙的天然界限，它阻挡了长驱直入的西伯利亚寒流，为牧民冬春劳作提供了适宜的向阳背风的活动空间。正因为具备了这些得天独厚的优越条件，使得这里的游牧生产方式能够历久不衰，成为全国难得一见的原汁原味地保留着蒙古族游牧生产生活方式的一块重要农业文化遗产地。

（文 / 李兵兵）

三、火山地质博物馆——阿尔山

内蒙古分布着一条非常独特的火山带，它北起大兴安岭北段东坡的诺敏河火山群，经大兴安岭的阿尔山—柴河火山群、锡林浩特—阿巴嘎火山群，南抵察哈尔右翼后旗的乌兰哈达火山群，绵延近千公里。其中，以阿尔山火山结构最为完整，火山地貌最为多样，堪称“火山地质博物馆”。徒步者可沿大兴安岭国家森林步道，深入大兴安岭密林深处的阿尔山火山，一探火山地质遗迹的壮观神奇。

火山熔岩天然标本

阿尔山拥有亚洲面积最大的火山熔岩台地，有50余座火山锥，19个高位火山口，2003年被评为国家地质公园。火山构造完整多样，地质遗迹类型丰富，特别是位于阿尔山天池以东的石塘林景区，是亚洲面积最大、保存最完整的火山熔岩景观。石塘林景区全长20公里、宽10公里，遍布漆黑的火山玄武岩，第四纪火山喷发时，周围多个

火山石塘地貌（张金河 / 摄）

火山口喷发的岩浆由高处向低处流动，在大黑沟一带汇聚，之后冷却凝固，形成熔岩台地。岩浆流动的过程中，又形成了类型多样的熔岩地貌，如岩浆向前流动时受阻，使先固结的熔岩流表面发生脆性破裂，形成翻花石。固结的熔岩流表壳由于冷却收缩作用形成不同方向的裂隙，呈网状，后期又有多期熔岩流沿裂隙填充，最终使平整的熔岩流表面呈不规则排列的多边形，形成龟背岩。炽热的熔岩流使底部地表水汽化产生大量气体，向上排出，每次喷气伴随岩浆外溢，在喷出口层层相叠，形成喷气锥。此外还有石海、熔岩垅、熔岩绳、熔岩碟、熔岩洞、熔岩丘、熔岩陷谷、冰臼、地下暗河等神奇景观。

在基本无土覆盖的石塘林景区里，却遍布生物迹象。灰绿相间的苔藓、地衣附着在每块石头上，成群落叶松、白桦、桧柏、金银梅、杜鹃等植物，也在熔岩缝隙间深深扎根，各种林鸟穿梭在林间，獾、鼠类的动物也常在石塘里出没，不得不令人感叹大自然的神奇造化和生命的坚韧顽强。石塘林是亚洲最大的近期死火山玄武岩地貌，地质构造、土壤、植被均保持原始状态，再现了低等植物到高等植物演替的各个阶段，具有非常高的保护与科研价值，是火山熔岩的天然标本。

世界之最矿泉群

阿尔山温泉群由76眼天然矿泉构成，是中国独有、世界最大的矿泉群，也是世

驼峰岭天池（张金河/摄）

界分布密度最高的矿泉群。这些矿泉冷热殊异，分为冷泉、温泉、热泉和高热泉四种泉水。最为奇特的是，冷泉、热泉共存一处，相距仅0.3米，一泉热气腾腾，温度高达40℃，另一泉则寒冷彻骨，只有2℃。这样分布密集且温差悬殊、功能各异的温泉群，实属罕见。这些温泉分布在复活破火山口的中部，处在两个裂隙式火山管道的交汇处。大气降水和地表水在地下汇集到低洼的裂隙处汇集，裂隙式火山管道深部的边缘岩浆或离地表较近的过热玄武岩浆上涌，不断将深循环的地下水加热，从而形成温泉。由于复杂的地质运动和地球物理、化学变化，温泉水质很好，具有丰富的硅、氡、氟、锂、锶等人体必需的微量元素，阿尔山矿泉群也被誉为"神泉圣水"，有非常独特的保健、医疗作用。

落入凡间的宝石

阿尔山火山多，天池自然就多。阿尔山天池、驼峰岭天池、金江沟天池、基尔果山天池、犴沟天池、双沟山天池、布旗外站天池，并称七大天池。其中，最著名的就是阿尔山天池，海拔1322.3米，东西长450米，南北宽300米。在火山喷发末期，岩浆已无力喷溢，部分被挤贴在火山口内壁，或堵塞火山通道，加之喷发结束后，火山口熔岩自然冷却下沉，便形成深浅不一的凹状火山口，火山口积水就形成了天池。阿尔山天池仅低于吉林省的白头山天池和新疆博格达峰天池，是全国第三高的天池。天池如同一面镜子，镶嵌在雄伟的高山之巅，四周被密林包围，神奇的是，池水久雨而水位不升，久旱而水位不减。专家根据火山口湖的演化发展规律，推测七大天池水深大部分不超过3米，正进入晚期发展阶段。阿尔山天池周边有一种可以浮在水中的石头，被称为浮石，是火山爆发时的喷发物，它由火山玻璃、矿物和气孔组成，是一种多气孔类似海绵状的火山岩，可以看到气孔的走向和曾经灼烧的痕迹。

地热涌动的不冻河

三九严寒，滴水成冰，当所有河流小溪都封冻的时候，有一段河水却热气腾腾、流水淙淙，这就是长约20公里的哈拉哈河段，被称为"不冻河"。不冻河成为了阿尔山冬季最特别的景色之一，河岸两侧的树木上挂着雾凇，河水中凸起的石头上覆盖着白雪，而河水却静静流淌，水中水草丰美，堪称阿尔山冬景一绝。阿尔山不冻河现象

冬天的不冻河（张金河 / 摄）

的产生，是由于该河段附近有大量地热存在的缘故，此处位于哈拉哈河深断裂带，上地幔岩浆通过断裂带不断上涌，在地壳某个深度形成岩浆房，对围岩上部的河流不断加热，形成不冻河。

阿尔山火山熔岩地貌，集多种地质景观于一身，形成独特的自然景观，来阿尔山一睹火山遗迹，既是一场令人惊叹的视觉盛宴，又是一次绝好的自然科普教育。

（文 / 史琛媛）

阿尔山四季风光——冬天的不冻河（国家林业和草原局森林旅游管理办公室 / 供）

四、大美兴安，百年森工

山峦叠嶂、林莽苍苍、峡谷幽幽，广袤的林木资源和发达的森林工业，给大兴安岭披上了神秘的面纱。沿着大兴安岭森林步道，走进中国最北、纬度最高的国有林区，走进绰尔大峡谷国家森林公园和绰源国家森林公园，走进北方少数民族的生活聚居地，于大美磅礴的气质之中，窥见大兴安岭百年的森工历史，探寻人与自然的细节符号。

北纬47°

北纬47° 是个神奇的纬度，它串联起了世界上诸多壮丽的景色，如浪漫迷人的法国、湖光山色的瑞士、绝美绚烂的奥地利，还有欧洲人引以为傲的阿尔卑斯山脉等。而在中国，北纬47° 则穿过了著名的大兴安岭山脉。“兴安”是满语，意为“极寒的地方”；“岭”即满语“阿林”，其意为山。大兴安岭是我国面积最大、集中连片、保存最完整的重点国有林区，拥有中国最大的山地寒温带针叶林生态系统，有完备的森林、草原、湿地三大自然生态系统，有温泉、矿泉、火山遗迹、历史遗址和爱国主义教育基地等特色景观数千种，与亚马孙雨林区一起被誉为地球的两大肺叶。

位于大兴安岭林区南麓的绰尔大峡谷国家森林公园，围绕北纬47° 的特殊坐标，山峦起伏，峡谷幽深，古木参天；寒温带大陆性季风气候在这里风云际会，孕育了丰富的植被类型，再现了从低等植物到高等植物的演替全过程，是名副其实的物种基因库。在河岸和溪流旁，分布着内蒙古大兴安岭岭南林区面积最大、最原始的钻天柳林，集中成片，蔚为壮观；兴安落叶松纵贯全区，林龄可达数百年。此外，这里还坐拥大兴安岭林区最具典型地貌特征的火山峡谷，谷内中生代石峰林立、沟壑纵横、溪流成河。漫步林间步道，仿佛置身于亿万年前的荒野里，沉醉在大自然鬼斧神工的硬朗与柔美中，感受远古时代森林的气息。

位于绰尔河发源地的绰源国家森林公园也有着别样的风光。百年历史的寒温带明亮针叶原始林高入云端，依托高山湿地和九九八十一弯的甘多罗河、长约4000米的湿地栈桥曲径通幽，还有日军侵华空军基地遗址、折叠零式战斗机库群等爱国主义基地带你缅怀历史。在北纬47° ，在大兴安岭，在绰源国家森林公园，回望历史，品味森工。

那一条条运往祖国各地的“木龙”

大兴安岭林区前辈给我们留下了两样财富：一个是生生不息的森林，一个是灿烂的森工文化。百年的森工历史是绰尔林区开发建设60年几代务林人的精神传承。60年前，这里还是渺无人烟、一望无际的万顷林海，几十个林业工人走进了深山，第一声“顺山倒”的号子划破了寂静的林海长空，开始踏上了绰尔林区开发建设的征程。林业工人秉承了大山的雄浑、豪迈和刚毅性格，几代务林人本着“先生产、后生活”的原则，顶风雪、斗严寒，秉承“左手砍树、右手栽树”的理念，靠人力用大肚锯、弯把锯伐木，用牛马套子在冰雪滑道上集材，爬冰卧雪，风餐露宿，住地窨子和帐篷，睡小杆铺，吃盐水豆就窝头，在这种艰苦的条件下，把一条条“木龙”运往祖国各地，建立了不朽的功勋。林业成为当时大兴安岭经济发展的支柱产业，也为抗美援朝和我国社会主义建设做出不可磨灭的贡献。

在百年的森林工业长河中，建设者们创建了自己独特的森工文化。他们喊着铿锵有力的工人长号，为祖国建设输送着大量的木材；他们从神秘莫测的森林中汲取灵感，创作出了故事、诗歌、散文等形式多样的文学作品；他们居住的地窨子、马架子、木克楞房，他们用的疙瘩爬犁、狗皮袜子、冰扎子，他们就地取材制作的独木小板凳、桦树皮背篓、花曲柳箱子，他们口口相传的山水、动物、植物的传说，他们制作根雕工艺品，利用生产工具创作音乐、演绎歌舞等，无不凝聚着他们的创造和智慧。

禁伐，森林人的迷惘与希望

浩瀚雄浑的大兴安岭林区曾是鲜卑、女真、蒙古、鄂温克、鄂伦春、达斡尔等北方少数民族的摇篮。18 世纪，来自贝加尔湖流域的“使鹿部”鄂温克人迁徙到了额尔古纳河右岸的大兴安岭，成为这片森林的居民。美丽富饶的大兴安岭为他们提供了丰富的物质生活资料，使得他们在这片浩瀚的森林里繁衍生息，与这片森林有着深厚的血缘关系。然而，新中国成立后的20多年，森林资源的过量采伐让驯鹿赖以生存的苔

藓资源迅速减少，脆弱的林间自然牧养驯鹿产业雪上加霜，守护这片森林的鄂温克人感受到了从未有过的危机。2015年，内蒙古大兴安岭林区停止天然林商业性采伐，热闹了60多年的大森林瞬间回归宁静，生活在这里的原住民和新住民们，也面临着生活方式的再次改变。

全面禁伐之后的大兴安岭从开发利用转入全面保护的发展阶段，轰鸣的电锯声、悠长的伐木号子声、忙碌的龙门吊也成为大多数老林业工人的回忆。为实现木材停伐后林区经济顺利转型，以森林湿地、冰天雪地为特色的旅游产业，逐步成为大兴安岭地区“后停伐时代”的支柱产业。此外，曾经忙碌的伐木人变身森林卫士，从事起了森林管护、防火、防病虫害的工作。他们始终传承着“无私奉献艰苦奋斗”的大兴安岭人精神，传承森林的文化之魂，打造森工的主流文化，形成森工的时代精神。生态林业、民生林业的号角已经吹响，数以万计的林业职工汇聚了改革发展的强大力量，森林人们将带着希望，继续探索与森林相处的平衡之道。

（文 / 赖玉玲）

五、寂静的螺旋展线

走上大兴安岭国家森林步道，进入大兴安岭林区之后，徒步者不仅可以看到我国最大的国有林区，还能感受到步道沿途深厚的历史烙印。蜿蜒在大兴安岭林区的中东铁路全称为“中国东部铁路”，是沙俄为了攫取中国东北地区资源、称霸远东地区而修建的。中东铁路以哈尔滨为中心，呈“T”字形分布，分为通往满洲里的滨洲线（西部线）、通往绥芬河的滨绥线（东部线）和通往旅顺南满洲支线，全长约2500公里。

中国第一个螺旋形展线

中东铁路修建于清末，当时的铁道建设技术还十分落后，无法大规模开凿隧道，为了解决火车爬坡的问题，展线就应运而生。展线意为展长线路，因为兴安岭隧道东侧山体十分陡峭，东侧洞口至雅鲁河谷段落差较大，火车需要盘旋一圈、螺旋绕行后才能进入兴安岭隧道，并且随着火车的行走，展线的路基也要不断加高，施工难度极高。现在的兴安岭螺旋展线位于内蒙古牙克石市博克图镇，由于线路为单线、影响运力，因此于2007年停止使用，至此服务了104年的兴安岭螺旋展线成为一项历史遗迹。除了废弃铁路与沿途车站外，中东铁路在牙克石还保留有蒸汽机车水塔、伊列克得俄式木刻楞，博克图兵营旧址、段长办公室、机车库、沙俄护路军司令部旧址、伪满警察署旧址，附近的免渡河还保留有东正教教堂、铁路桥、铁道学校旧址等遗址遗迹。

兴安岭螺旋展线是我国的第一个螺旋展线，亲历了清政府曾经屈辱的历史，也见证着新中国铁路事业的不断发展。

抱憾离世的女工程师

行走在博克图的螺旋展线上，与当地人交流之后，听说了一个令人惋惜的小故事。据说当年兴安岭隧道的设计师是一位年仅30岁的俄国女工程师，名叫莎力，因为

到了预计时间隧道并未打通，便以为是自己的计算失误、出了问题，于是饮弹自尽，没想到第二天隧道就顺利贯通。听完这个故事，实在令人感到惋惜，如果她能耐心再等一等，等来的也许就是嘉奖了。莎力是否真有其人，还是一个美丽的故事，现在已无法考证了，因为在山脚下树立的螺旋展线纪念碑文里并没有提到她，希望女工程师饮弹而终是一个美丽的误会吧！

五彩斑斓的兴安秋色

在大兴安岭林区，森林景观是宏大的背景，在这个大景观中，又叠加上了众多的湖泊、河流、湿地、草原、山地等景观斑块或者绿色旅游廊道，形成了大兴安岭丰富的生态景观格局。大兴安岭低缓的丘陵、弯曲激流的河谷、白桦林、兴安落叶松林、火山地貌与山林村镇，一定会让你心旷神怡，流连忘返。

秋天的大兴安岭，与春夏时节满眼清新的绿色世界不同。秋天的大兴安岭是五彩斑斓的，深红色、浅红色、金黄色、深绿色随风摇曳，在阳光的映衬下闪闪发亮，与茫茫的草原、蓝色的天空、洁白的云朵、银色的河流交相辉映，宛如一幅流动的油画，光彩四溢！偶遇降温，悬在枝头的树叶则更显鲜红娇艳，令人沉醉。偶尔瞥见林中的野兔和松鼠，宛如精灵一般，给寂静的森林带来生气。

（文 / 王　珂）

六、大兴安岭的自然博物馆——乌尔旗汉

乌尔旗汉镇位于大兴安岭国家森林步道的中段，属于牙克石市。乌尔旗汉是蒙语，意为“黎明”。虽然只是一个小小的林场镇，但是乌尔旗汉却是大兴安岭林区一个十分重要的城镇。乌尔旗汉有着一座标本类型丰富的自然博物馆，拥有一座国家级的鸟类环志站，还有我国首个高纬度地区森林湿地，可以说乌尔旗汉就是一座大兴安岭的自然博物馆。

自然博物世界

走进乌尔旗汉自然博物馆，映入眼帘的是神态各异的飞禽走兽，展翅欲飞的蝴蝶、蛾子……博物馆里丰富多彩的各类动物资源标本，向访客们展示着大兴安岭这个神奇的自然国度。乌尔旗汉自然博物馆始建于1983年，经过30多年的发展壮大，目前是东北林区林业局级标本最全、水平最高的自然博物馆，有昆虫馆、真菌馆、动物馆、植物馆等，每年有成千上万人来此参观，这里也成为对访客进行自然教育的重要场所。走进自然博物馆，仿佛走入了真实的自然世界，看着一个个栩栩如生的标本，更加对大自然的造物神奇产生敬佩!

大兴安岭林区唯一的鸟类环志站

乌尔旗汉位于大兴安岭腹地西麓中段，境内有3条河流，沿着山脉走向形成了若干天然河谷，河道两岸伸展着宽阔的沼泽地和无林草地，山林、河谷两旁非常适宜鸟类的生存，可以说是鸟类天堂。1989年，乌尔旗汉自然博物馆收到一只比较特别的鸟，在当地十分少见，当时的标本制作员发现鸟腿上有一个环形标识，上面用英文写着“澳大利亚堪培拉”，原来这只鸟是从澳大利亚漂洋过海，飞到了遥远的内蒙古大兴安岭林区。从此乌尔旗汉人对鸟类环志有了初步的认识。为了加快生态建设，2003年乌尔旗汉林业局利用自然博物馆优势和本地区的生态环境优势，正式成

立了鸟类环志站。2008年该站摸清了大兴安岭地区鸟类资源的种群动态及候鸟的迁徙时间，还建立了全国陆地野生动物疫源疫病监测体系，被列为第一批国家级监测站，跻身全国十强。

兴安“湿意”

在乌尔旗汉不仅有着参天的森林大树、精灵般的众多鸟类，还拥有首个高纬度的森林湿地——兴安里湿地省级自然保护区。保护区内有大小河流50余条，湖泊星罗棋布，这里不仅是海拉尔河的发源地，还是包括其重要支流大雁河的全部流域，具有十分重要的生态地位。走入兴安里湿地，层峦叠嶂的树木、略带芬芳的湿润空气、鸟儿啾啾地鸣叫，都让人心旷神怡。登上海拔1406米的防火瞭望塔，一览兴安里湿地的全貌，连绵激荡的大雁河令人振奋。兴安里湿地容纳了大兴安岭林区几乎所有的生物物种，与高山峻岭、秀水神川一起，为乌尔旗汉赢得了“兴安之魂”的美誉。

珍贵的原始森林

乌尔旗汉国家森林公园内有一处珍贵的原始森林，是当年乌尔旗汉林业局在采伐作业时，因观其气势宏伟、风景宜人，不忍砍伐而留下的，现已成为国家森林公园的一部分，供游客游览。原始森林面积约3800公顷，主要树种是落叶松和白桦。林中不能行车，只能徒步进入。步入其内不时会闻到阵阵松香，听到声声鸟鸣，聆听潺潺山泉。秋日到来，一望无际的蓝天、金黄色的白桦与深绿色的落叶松相互映衬，更是让人心旷神怡。

（文／王　珂）

七、嘎仙洞中走出的拓跋鲜卑族

沿大兴安岭国家森林步道徒步，可探访一处天然洞穴嘎仙洞，它位于大兴安岭北段顶峰东端，嫩江支流甘河北岸的半山腰上。洞穴南北长90多米，东西宽27米，高20余米，中部放置着一块约3米见方的天然石板，就是这样一个其貌不扬的洞穴，却走出了统治中国北方长达150年的民族——拓跋鲜卑族。

起源之谜

《魏书》中明确记载拓跋鲜卑是西部鲜卑族的一个部落，而西部鲜卑是从匈奴分裂出来的，据此可推测拓跋鲜卑发源于塞北。然而，《魏书》中同时记载，拓跋鲜卑族的先祖曾长期居住在乌洛国西北大鲜卑山的旧墟石室，乌洛国是曾经分布在嫩江一带的小国，拓跋鲜卑则可能是东胡鲜卑演变而来。因此，史学界对拓跋鲜卑的起源一直争论不休。直到1980年考古学家米平文先生在大兴安岭北端的嘎仙洞中发现石刻祝文，全文19行，201字，记载了这个民族走出大山、鸠居草原、开疆扩土的历程，并颂扬了世祖的丰功伟绩，基本与拓跋鲜卑的历程一致。并且符合《魏书》的记载，即公元443年，北魏太武帝拓跋焘得知自己的祖先曾长期居住在大鲜卑山的旧墟石室后，派大臣李敞前往祭祀祖先，并命人在洞口刻下祝文。嘎仙洞祝文被发现后，为研究拓跋鲜卑族起源及历史文化提供了可靠依据，目前，大部分学者推测大鲜卑山就是现在的大兴安岭，嘎仙洞就是《魏书》中所指的先祖旧墟石室，继而推断拓跋鲜卑是东胡鲜卑的后裔。

南征北战

拓跋鲜卑原本是北部较野蛮的游牧民族，公元1世纪早期，东汉打败北匈奴之后，北魏始祖拓跋力微抓住时机，率领部落族人翻山越岭，从大兴安岭迁到原属匈奴的呼伦贝尔草原一带，并与中原及其他草原部落建立了长期良好的关系，逐渐发展壮

大。公元300年前后，西晋逐渐衰落，分裂出20多个国家，进入五胡十六国的混战局面。混战之初，拓跋鲜卑不算强大，但是公元304—386年，经过近百年的混战，北方各民族相互攻伐不断，人口急速下降，反而一直徘徊在北部的拓跋鲜卑保留了元气，并通过远交近攻的策略逐步强盛。征战后期，拓跋鲜卑已经非常强大，一统北方的野心日益明显，经过20年的大规模征战，先后征服后燕、南朝、柔然等国，将北至沙漠、南至江淮、东至海、西至流沙的辽阔疆土收入囊中，成功统一了北方，建立了北魏王朝，成为南北朝时期北朝的第一个王朝。

民族融合

对于很多人来说鲜卑族比较陌生，我国现有的56个民族中已经没有它的席位，这是鲜卑族长期汉化的结果。汉化过程与几位重要的拓跋鲜卑族领袖有关。公元261年，拓跋鲜卑为了与中原曹魏建立良好关系，派王子沙漠汗到中原做人质。沙漠汗在洛阳生活了15年，深受汉文化影响，回到部落后决定改革旧俗，却遭到守旧派强烈反对并被暗杀。其子拓跋奇卢即位后，完成了对河套各部的统一，融入了大量汉族农民，拓跋奇卢受父亲沙漠汗的影响，对汉族的文化和制度采取包容态度，民族有一定程度的融合。公元338年，拓跋奇卢的侄孙什翼犍即位，他同样在后赵做过10年人质，亲眼看到汉文明的强大，开始大刀阔斧地进行改革，他按照汉人官职设置职务、任用汉人、制定法律、重视农业等等，并在盛乐（今内蒙古自治区和林格尔县）建立了都城，从此由游牧转为农耕定居。公元490年，孝文帝拓跋宏亲政后，进一步推行汉化改革，他整顿吏治，实行均田制，迁都洛阳，全面改革鲜卑旧俗：穿汉服、说汉语、改汉姓，鼓励鲜卑贵族与汉人联姻，极大地促进了民族融合、发展。孝文帝的汉化改革对鲜卑族产生深远影响，到隋唐时期，鲜卑族已经基本融入了汉族。一代雄主唐太宗李世民的奶奶独孤皇后、母亲窦皇后、妻子长孙皇后以及外婆宇文氏都是正统的鲜卑血统。

佛教兴盛

北魏时期，佛教得到了前所未有的传播与发展。孝文帝时期开始开凿洛阳龙门石窟，此外，云冈石窟、麦积山石窟、敦煌莫高窟的开凿在孝文帝时期都得到极大的推动。孝文帝崇尚佛教，在位时兴造的佛寺很多，鹿野寺、建明寺、思远寺、报德寺等等，据《魏书·释老志》记载，嵩山少林寺就是孝文帝为安置禅修高僧而建。除了兴造佛寺以外，孝文帝召集、优待高僧大德，佛教讲说在民间非常普遍。佛教传入以来，一直与世俗政权存在礼仪、法律方面的冲突，孝文帝派人制定了《僧制》四十七条，成为专门约束僧尼的法律，为佛教在北魏的进一步传播铺平了道路。当然《僧制》也有一些弊端，它规定僧尼犯杀人以上的罪过，按世俗法律制裁，其他过失则按“内律”处置，使得在北魏后期佛教膨胀、泛滥的背景下，成为僧人行法无度的一种特权。

一度强盛的北魏王朝在孝文帝死后30余年就分崩离析，退出历史舞台了。但无论怎样，这个由拓跋鲜卑建立的王朝上接汉晋、下启隋唐，埋藏在历史中的故事远比我们现在知晓的精彩，而今我们只能在嘎仙洞中感叹：“一时俯仰成朝暮，万变纷纭几古今。”

（文 / 史琛媛）

八、猎民小道——大兴安岭最早的森林步道

大兴安岭素有“林海”之称。在无边的林海里，有无数条穿越森林与河流的林中小路。林业工作者们把它称作“猎民小道”。小道宽约50 厘米，并且弯弯曲曲地躲开树木。小道上铺满松针和落叶，看上去好像很久没有人走过。走在上面软软的，比走在地毯上还轻松。林业工作者（包括森林调查人员、公路设计人员、森林扑火人员、山野菜采集人员等）在大森林里跋涉时，一旦遇到猎民小道，就像走上公路一样欣喜若狂。林业工作者通常选择在没有幼树和灌木的大树之间的猎民小道行走，特别是杜香—落叶松成熟林中的小道。这种林间的小道视野开阔、风景秀丽，小道在杜香灌丛中显而易见，而且空气中还散发着杜香特有的清香。

鄂温克猎民和驯鹿走出来的猎民小道

猎民小道是世世代代居住在大兴安岭森林里的鄂温克族猎民生活与劳动的结晶。生活在大兴安岭北部的鄂温克民族，是300 年前从西伯利亚勒拿河流域迁徙而来的。他们在额尔古纳河右岸和大兴安岭山脊一带饲养驯鹿，过着游牧与狩猎的生活。鄂温克猎民在清朝政府的史书中被称作“索伦使鹿部”，而在大兴安岭东坡骑马狩猎的鄂伦春民族被称作“索伦使马部”。

驯鹿的食物以原始森林里的石蕊为主。石蕊是一种生长在泰加林的代表性地衣。驯鹿还取食各种灌木嫩枝和嫩芽。由于石蕊并不是集中连片地生长，加上灌木的嫩芽又稀少。所以，驯鹿要在大森林里到处奔走着取食，而鄂温克猎民只好不断地在大森林里搬家。

猎民一次搬家的距离在5～10 公里。5 公里之内的搬迁称作小搬家，5 公里以外的称作大搬家。几百年来，搬家让鄂温克猎民和驯鹿一同在林海中走出了无数的猎民小道。猎民小道与小河相伴，并且连接着猎民游牧与狩猎的营地。于是，猎民小道勾勒出了猎民在大兴安岭森林里的美丽家园。

猎民用自己的生活方式在大森林里繁衍生息，也与大兴安岭的原始森林和谐相处

驯鹿（根河假日旅游公司 / 供）

至今。行走在这些步道上，除了数量极少的“撮罗子”的旧木架和直径1米左右的篝火灰烬，没有任何遗弃的生活垃圾。

那些美好的地名

在游牧和狩猎中，与猎民小道并行的河流、山峰都被猎民赋予了名称，这些名称包括森林景观、地质特征、曾经发生的事件、有纪念意义的人名等，这些名称展现了大兴安岭森林的历史与人文画卷。

鄂温克民族有自己的语言但没有文字，他们的历史都是根据语意用汉语记载而成。一些无法翻译的语句，只能用语音直译来记载。

在我国1:50000 比例尺地形图上，大兴安岭数百条河流的名字都是用猎民语意命名的，而且许多城镇的地名实际上是河流的名称。乍一看，这些按猎民语音直译的名称有些稀奇古怪。但如果把它们的语意解释出来，就会展现出大兴安岭美丽无穷的景观。

大兴安岭山脉东坡有呼玛河，西坡有乌玛河。两条河名称的猎民语意都是：野兽肥美的地方。

在遥远无人区的呼玛河的源头，有一条只有几公里长、平均宽不足3 米的小河，名称是奥伦诺霍塔库河，语意是：冷水鱼最多的河。

大兴安岭山脉西坡，有3 条河流名字分别是：安娘娘河、阿娘娘河、奥尼奥尼河，语意都是：有岩画的地方。

根河林业局有两个林场的名字分别是：上央格气林场、下央格气林场。“央格气”的语意是：长满爬松的山岭。爬松即偃松，一种匍匐生长的大灌木。长满偃松的山岭，如果没有猎民小道，徒步是无法通过的。

有一条小河名称是大力亚娜，这是一位贤惠又勤劳、受尊敬的猎民妇女的名字。把这条河用女人的名字命名，显然是为了纪念她。

塘古斯卡亚河是与通古斯人会面的地方。乃大乌鲁河是与达斡尔族兄弟见面的地方。

流经根河市金河镇的小河名称是交克坦科拉河。猎民语意是：两岸长满百合花的河。

根河市附近的冷布露河，猎民语意是：在这里猎获了不知名的白色野兽。

根河市得耳布尔镇有3 条河谷分别称作瓦卡利其沟。“瓦卡利其”在猎民语意中是：长满红豆的山坡。

位于满归林业局的伊克沙玛国家森林公园的埃库西亚马河谷，在猎民语意中是：长满黄芪的山坡。

鲁吉刁河是：蜻蜓最多的河。杰鲁公河是：有黑头鱼的河。

还有一条河的名称是究瓦加坎河，语意是：在那里住了一个夏天的地方。鄂温克猎民在森林里游牧与狩猎，在一个营地驻扎一般不会超过十几天。可以住一个夏天的地方，说明这里能够猎获的野生动物多，而且是驯鹿食物丰富的地方。于是，究瓦加坎河及其流域在大兴安岭林区开发之初，就被规划为国家级自然保护区。

最早的森林步道，狩猎民族的骄傲

新中国成立后，狩猎的鄂温克猎民为开发大兴安岭林区做出很多贡献。

开发大兴安岭林区的林业建设者们就是跟着猎民，并且用驯鹿驮载着行装，走进了林海雪原。是猎民们带领测绘部门的人员，走遍了大兴安岭原始森林，使得这里的数百条河流与山岭的名称得到确认。林区开发初期，森林防火工作还很落后。发生森林火灾完全靠人力远途跋涉去扑打，所以“打早、打小、打了”的战机很重要。于是，鄂温克猎民就当起了森林防火的义务观察员。一旦发生森林火灾，是他们最先向有关部门报告火情，并且给扑火人员担任向导，使森林火灾在最短的时间被扑灭。而世代生活在原始森林的猎民，把火视为神圣的同时，从未让火失控成灾。猎民小道承载的家园，是敬畏大自然的习俗世世代代流传的结果。猎民小道也是爱护大森林的写真。还有资料显示，历史上，狩猎鄂温克民族在大兴安岭北部有3 条猎民小道，是纵贯南北的3 条交通要道。每条都长达几百公里，是名副其实的森林步道。林区开发之后，其中的两条已经成为铁路和公路交通要道。猎民小道作为最早的森林步道，不仅展现了狩猎民族的风采，更是狩猎民族的骄傲。走在这些森林步道上，看到森林步道描绘的魅力大自然，会让你更加了解使鹿部落与大森林和睦相处的历史。

（文 / 赵博生）

驯鹿群（根河假日旅游公司 / 供）

九、大兴安岭最大原始林区，北方民族的家

大兴安岭北部原始林区是我国最大的唯一集中连片的原始林区，位于祖国的最北端，是大兴安岭的起点，黑龙江的源头，松嫩平原、呼伦贝尔草原、东北粮食主产区的天然生态屏障，蒙古、鄂温克、鄂伦春等中国北方少数民族的重要发源地之一。

中国保存最完好、面积最大的原始林区

秋林云海（刘兆明/摄）

大兴安岭北部原始林区是欧亚大陆东西伯利亚泰加林在中国境内的唯一延伸部分，地理地带性极强，其森林植被依然保存着原始自然状态，是中国目前尚未进行生产性采伐且保存最完好、集中连片面积最大的原始林区。北部原始林区内森林平均林龄达100年以上，以兴安落叶松为绝对优势的寒温带落叶针叶林和以樟子松为绝对优势的寒温带常绿针叶林，以及以其二者为主组成的混交林构成了北部原始林区内的植被主体，其面积占总面积的80%。此外，还生长在白桦林、山杨林、偃松林及黑桦林等典型寒温带森林植物群落。这里是中国保存最为完好、完全原始状态的寒温带明亮针叶林林区，与北美、北欧齐名，占环北极圈寒温带明亮针叶林带的1/3，是镶嵌在中国版图鸡冠之顶的绿色宝石。北部原始林区还有丰富的湿地资源，有额尔古纳河、恩和哈达河、乌龙干河、托里苏玛河、伊里吉奇河等大小河流400余条，额尔古纳河为中俄界河，发源于大兴安岭西侧吉勒老奇山西坡，是黑龙江的正源。北部原始林区保存较好的森林与湿地两大生态系统造就了我国冷极野生动植物的天堂，原麝、紫貂、丹顶鹤、东方白鹳、黑鹳等多种国家重点保护野生动物在此繁衍生息。

北方民族的荣光与沧桑

“假如呼伦贝尔草原在中国历史上是个闹市，那么大兴安岭则是中国历史上的一个幽静的后院”，著名历史学家翦伯赞如是说。而北部原始林区则是后院中最幽深的地方。这片丛林碧野不仅有完备的原始森林生态系统、丰富的野生动植物，还拥有厚重的历史文化底蕴。公元6—7世纪，蒙古先民、成吉思汗的先祖乞颜部及捏古思部进入奇乾乡一带的山岭，在此生息400多年，逐步发展为“蒙兀室韦”，后熔铁出山走出森林、震撼世界，小孤山古聚落遗址和苍狼山叙述着一代天骄成吉思汗游猎与征战的美丽传说。遗存至今的奇乾村是首批中国传统村，三面环山，一面临水，森林密布，水草丰美，不仅是蒙古族先祖躲避战乱，休养生息的地方，还记录着森林民族鄂温克人与俄罗斯人隔江相望、通婚通商的民族发展史。其独特的历史记忆、宗族传衍、方言、乡约乡规、生产方式等遗留至今，皆因村落的存在而存在，并使村落保持传统、厚重鲜活。奇乾东北的布洛固鸠山上的“关东军栖林训练营”是日本人强迫鄂温克和鄂伦春猎民接受军事训练的地方，记录着鄂温克和鄂伦春民族心酸的奴役史与抗争史，是进行爱国主义教育的北疆阵地。长梁北山火灾遗址是2002年“7·28”森林大火留给世人的深刻烙印，是大自然的哀伤悲鸣，是推进生态文明建设的自然教育基地。

沿大兴安岭国家森林步道走进北部原始林区，穿梭在树的海洋、河的源头、雪的世界、云的故乡，回味北方少数民族历史的荣光与沧桑，探索高纬度、人迹罕至、原始自然的神秘，将感受到国家森林步道最纯粹的自然和文化内涵。

（文 / 李兵兵）

林下步道（孙　瑞 / 摄）

原始林区秋色（孙　瑞/摄）

十、北纬53° 的雪色浪漫——北极村

北极村并非在北极，而是位于我国最北的村庄，地处北纬53.3° 的高纬度地带，与俄罗斯隔江相望。这里冬天非常漫长，夜长昼短，“冬至”前后白天只有5~6个小时，极端低温曾达到零下52.3℃。夏季较短却有极昼现象，太阳从落山到初升只有3个小时。这个拥有神奇天象的小村庄远离世俗，保持着静谧与质朴，和静静的大江一样，在昼夜更替中，悠然地打发四季的时光。现在我们沿大兴安岭国家森林步道穿过茂密的森林，看看步道尽头的这个村庄。

一路向北

漠河北极村（李贵云 / 摄）

对中国极地的追求仿佛是人们内心的一种原始渴望，有人不远千里，去领略中国最南端的热带滨海风光，也有人一路向北，来体验最北端纯粹而极致的严寒。北极村保留了原始自然的北国风光，人为活动在这片土壤上尚未留下太多痕迹，极端天气、神奇极光、冰雪世界、原始森林、自然流淌的黑龙江、乡土气息浓厚的村民……得天独厚的地理位置和神奇的自然景观，使北极村逐渐成为一种象征、一个坐标。越来越多的访客慕名而来，在这里寻找“中国最北点”“最北人家”“最北哨所”，在明信片盖上最北邮局的邮戳，向亲友寄出来自最北端的问候，体会那种最北情怀。

追寻极光

极光（国家林业和草原局森林旅游管理办公室/供）

由于处在北纬53.3°的高纬度地区，北极村有非常独特的天象，冬季昼短夜长、夏季昼长夜短，形成了极昼、极夜现象，同时，北极村是我国唯一有机会一睹极光风采的地方。极光从形成到消逝，形状和颜色变幻莫测，绚丽夺目。极光一年四季都可能出现，夏至前后更容易看到，因为这个时期通常晴空万里，没有云层的阻隔。观测极光通常是在夜晚，仿佛是欣赏夜幕里的一场光电表演。极光不仅美丽，而且在地球大气层投入的能量可以与全世界发电厂产生的电容量总和相比。随着科技的逐渐发展，极光所产生的巨大能量或许可以用于造福人类。

极光形成的原因

极光的出现是由于太阳活动爆发出的高能带电粒子流（太阳风）受地球极地磁场影响偏向两极，并经大气中的分子、原子激发而形成绚丽多彩、奇异壮观的发光现象。太阳风、地球磁场、大气是形成极光的三要素。

林海雪原

“北国风光，千里冰封，万里雪飘……”用这首《沁园春·雪》来形容北极村的冬天非常贴切。整个大地变成一个广袤无垠的白色世界，然而这里并非只有皑皑白雪。北极村国家森林公园森林覆盖率达到92%，有独特的寒温带森林景观，面积较大群落有白桦阔叶林群落、落叶松针叶林群落、樟子松常绿针叶林群落。此外，有野豌豆群落、兴安老鹳草与草木犀群落、小白花地榆与红花地榆群落等，植被和生态环境保护完好。辽阔的森林为多种野生动植物提供了栖息环境，有野生动物400多种，包括珍稀野生动物猞猁、紫貂、棕熊、雪兔等，有野生中草药300多种，此外，蓝莓、红豆、蘑菇、灵芝等遍布山野。

中国最北一家（国家林业和草原局森林旅游管理办公室 / 供）

北极人家（国家林业和草原局森林旅游管理办公室 / 供）

走进寂静的山林，踏入及膝的雪径，世界仿佛只剩下浩瀚的林海、苍茫的雪原，渺小的人们在感叹与敬畏中，接受大自然的洗礼，返璞归真，难怪那么多童话故事都离不开森林与白雪。倘若人们的生活里没有这样一点期许与寄托，那会失去多少美好的想象？

文化源地

北极村是鄂伦春、鄂温克文化的发源地，以漠河为中心的黑龙江源头一带，自商州起就是东胡人的聚集地。东胡是中国东北部古老的游牧民族，自商州初到西汉，存在了大约1300年，后来逐渐演化出鄂伦春、鄂温克、室韦等多个少数民族，具有深厚的文化底蕴。这些民族衣食住行都显示了狩猎民族的特色，口头创作、民族服饰、狩猎、手工艺等特色文化非常丰富。鄂温克保留了较为罕见的驯鹿文化，古籍中记载的“养鹿如养牛”，指的就是北方民族饲养驯鹿的方法。随着时代的变迁，驯鹿在其他北方民族中都已先后消失，唯独在鄂温克族中得以延续。鄂温克人世世代代生活在森林、河畔，逐水而居、随鹿迁徙，驯鹿曾是鄂温克人唯一的交通工具，它们善于在沼泽、森林、积雪中行走，带着鄂温克先祖从贝加尔湖畔迁徙到大兴安岭森林深处，被誉为“森林之舟”。同时，驯鹿被视为吉祥、幸福、进取的象征，是鄂温克族的吉祥物。

戍边之路

北极村是我国温度最低、无霜期最短、一年有8个月处于冰雪封冻期的高寒地区，驻扎在这里的边防战士有着“北极哨兵”之称。当北极村气温已经低至零下40℃的时候，往日雄浑磅礴的黑龙江也在这样的隆冬静如一条休眠的白龙，大地变得格外寂寥。北极边防派出所却进入了最忙的季节，随着徒步者的增多，戍边官兵必须顶风冒雪巡逻在边境一线，防止人们迷路或误越国界，确保徒步者及边境地区安全稳定。在中俄边界的黑龙江江

北极哨所(张长友 / 摄)

梦幻漠河（李桂云/摄）

边可以看到，边防部队为方便巡护，每年在江面上清理出一条长长的车道，也可以看到穿着厚重服装的士兵在雪地里艰难行走，呼出的气在睫毛上凝结成冰霜。北极边防派出所里有一个硕大的根雕，上边刻着每个北极边防工作者的名字，寓意“把根留住”。这些士兵抵御严寒、甘受寂寞，真正成为了北极人精神的传承者。

2015年，北极村被评为国家5A级旅游景区，随着知名度的逐渐提高，越来越多的人到此一睹北极村风采。北极村的原始风貌面临着被城镇化，去往北极村的路上新建了度假区，原来村子里的木刻楞也大都改造成了客栈。希望随着大兴安岭国家森林步道的建设，更多追求自然景观、原生风貌的徒步爱好者了解并意识到古朴村落景象的可贵，留住最北的“原汁原味”。

(文/史琛媛)

白桦—杜鹃（国家林业和草原局森林旅游管理办公室/供）

第五章

罗霄山国家森林步道

罗霄山国家森林步道南端位于江西大余县，北端在湖南临湘市，全长1400公里，途经12处国家森林公园、4处国家级自然保护区和2处国家级风景名胜区。罗霄山脉是湘、赣两省的天然分界线，也是湘江和赣江的分水岭。步道沿线群山巍峨、层峦叠嶂、气势恢弘，千年鸟道也从此经过。井冈山则被称为“中国革命的摇篮”，幕阜山、武功山更是宗教圣地，幕阜山古称道教第二十五洞天，武功山佛教开山于唐，盛于唐，为湘赣著名道佛胜地。

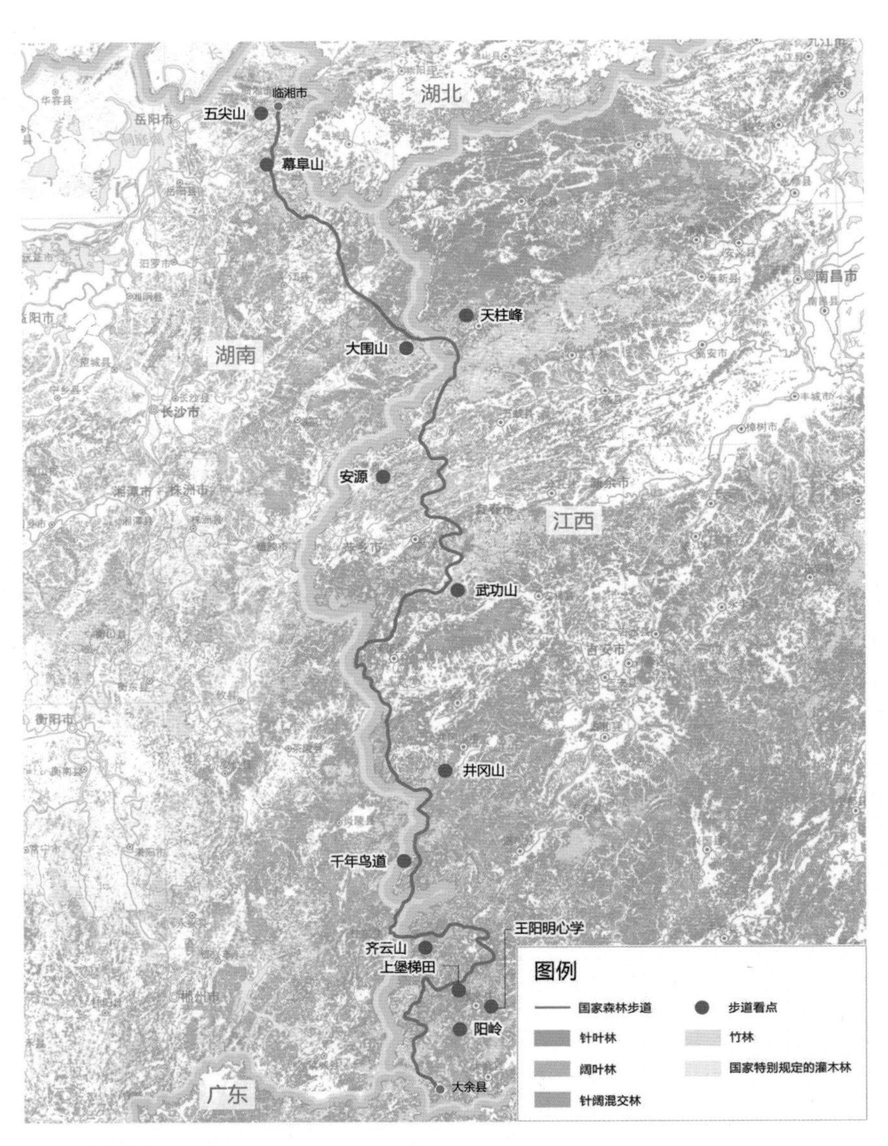

罗霄山国家森林步道沿途看点（张兆晖　陈樱一 / 绘）

一、登阳岭之巅，品十万亩竹海

在罗霄山国家森林步道的南端，位于江西省崇义县阳岭国家森林公园的10万亩竹海跃然眼前。沿着蜿蜒盘旋的山道一路行走，翠竹掩映，鸟儿啁啾，一种远离喧嚣都市、返璞归真的感觉油然而生；登上阳岭之巅，俯视无边无际的竹林，清风摇曳，翠绿重叠，倾听这滔滔竹海下隐藏的璀璨的竹文化、文人们在竹韵意域里寄托的对生命的感悟。

阳明格竹

竹子苍劲挺拔、婀娜多姿，总能引起人们的遐思。500多年前，一位年轻人对竹子无比好奇，为了弄明白竹子所蕴含的内在哲理，便来到一片竹林前，全神贯注地凝视着一棵竹子。他首先欣赏了竹子的优美姿态，然后想到竹子的品种、竹子的用途，还有……就这样苦思冥想，一天、两天……直到第七天，他头昏眼花格竹成疾，却终究没能格出竹子之理。这位年轻人就是明代大哲学家王阳明，他这一怪异之举被载入史册，称“阳明格竹”。

阳岭竹海（崇义县林业局/供）

为什么王阳明费了七天的功夫却格竹失败呢？要深入认识竹子，像王阳明那样只是静坐冥想是远远不够的，而当“手格”之，即亲自动手去种植一片竹林，在养育竹子的过程中总结经验，以获得对竹子客观、深入的认知，如此才是“格物致知”。当我们踏上森林步道徒步的时候，用身体力行去体验行走的力量，用感官去感受祖国的大好河山，以获得对自然、对生命更深的认识，这也是一种“格物致知”。

中国文人的爱竹情结

人们常以梅、兰、竹、菊四种植物比喻中国文人士大夫，竹子与中国文人有着不可分割的联系。东晋有“竹林七贤”，借竹子的清逸助其风流，唐代有“竹溪六逸”，借竹子的挺拔俊逸助其豪情。苏东坡有诗云“可使食无肉，不可居无竹；无肉使人瘦，无竹令人俗。”视竹为高雅之物。清代郑板桥爱竹成癖，一生画竹，所画之竹神秀挺拔，别具一格，可谓“我有胸中一万竿，一时飞作淋漓墨；为凤为龙上九天，染遍云霞看新绿。”著名园林学家陈从周先生认为江南园林无竹不美、无竹不秀、无竹不成园，亭台楼阁、茂林修竹，竹子已经成为不可或缺的一员。

阳岭（杨晓明/摄）

历史的风吹过竹林，亭亭玉立的竹子经霜雪而不凋，历四时而常茂，留下了竹诗的情愫、竹画的风韵、竹乐的缥缈、竹园的精致，渗透了我们这个民族的精神情韵。

客家与竹

在客家民居的房前屋后，经常会看见大片小片的竹林，它们绿影婆娑，静静地守护着客家人的家园，给安详的客家村落平添一份灵气和仙气。客家与竹，似乎天生就有着不解之缘。

客家人喜竹、爱竹、用竹，日常生活中随处可见竹子的元素。聪明灵巧的客家人利用竹子外柔内刚的特点将刚直的竹子削成柔韧的竹篾，编成桌、椅、床、席、篮、扇、筷、篓等各类竹器，还用竹子残留的枝丫扎成扫帚，就是竹沫、竹头等也作为柴火用。可以说，客家人将竹子的附加值发挥到极致。此外，客家的许多歇后语、俗语、地名、山歌及典故都与竹有关。如“钝刀破竹一想（节）吾开”等歇后语、“�竹寨”等地名、“相国卦竹”、“隆武珠竹”等典故。“咬定青山不放松，立根原在破岩中；千磨万击还坚劲，任尔东西南北风。”竹子坚韧不拔的精神深深地影响了客家人，激励着一代代的客家人披荆斩棘，创造出属于他们的灿烂文化。

（文/赖玉玲）

二、走进崇义，走进客家

在罗霄山国家森林步道南端行走，当人们沿着先民迁徙的道路从喧嚣的都市走进崇义，接天连地的客家梯田、山水融合的客家民居、随风摇曳的竹林、身着簑衣的老农，哞声阵阵的水牛，一幅风光旖旎的山水田园画卷、一段源远流长的客家历史文化在眼前徐徐展开。

神秘的客家源流

关于客家源流现今尚无统一的说法，最早的研究来自200年前的徐旭，他认为客家的祖先是因战乱或天灾从北方迁徙到南方的中原汉人。其后，客家学专家罗香林提出“五次大迁徙”说，认为客家人是纯粹汉族血统的汉人，奠定了客家源流“南迁”说的理论基础。随着研究的深入，以谢重光为代表的学者提出了“文化融合”说，认为虽然客家人是南迁的中原汉人，然而他们迁至南方土著地区将自身汉族文化与当地

罗香林“五次大迁徙”说

第一次是由晋代五胡乱华引起，大批中原人举族南迁至长江流域，持续170多年。

第二次是因唐末的黄巢起义影响，迫使客家先民继续南下，到达闽、粤、赣接合部，成为客家的第一批先民，历时90余年。

第三次是宋高宗南渡，元人入侵，客家人由赣南、闽西辗转流入粤东、粤北，与当地的土著和先期迁入其地的畲族先民交流融合，“客家人”称谓产生。

第四次是明末清初，清人南下和客家内部人口膨胀，因资源有限，大批闽、粤客家人从客家大本营向外迁移，最远内迁至川、桂等地区，也有部分客家人从闽、粤返迁赣南，历史上的“湖广填四川”即发生在此时期。

第五次是受广东西路械斗事件及太平天国运动影响，部分客家人分迁至广东南部和海南岛等地，并向海外播衍，使客家人走向世界。

宗祠（崇义县林业局/供）

的土著文化融合、发展。与“南迁”说、“文化融合”说不同的观点是以房学嘉为代表的“土著”说，认为迁至南方的北方中原人远远少于当地土著人的数量，因此客家文化的主要成分应来源于土著文化。

目前，学界普遍认为客家人是带有南方土著特点的中原汉人，主要聚居于赣南、闽西和粤东三角地带，其中赣南是客家大本营地区接受北方汉民族南迁的第一站，是孕育这个民系的摇篮地。赣南客家人口占百分之九十五以上，这里既有唐宋以来世居的“老客家”，也有明末清初从粤东和闽西回迁的“新客家”，世代客家人在这里繁衍生息、艰苦创业，创造了光辉灿烂的赣南客家文化。

耕云播雨的客家梯田

上堡梯田位于江西省赣州市崇义县西部齐云山自然保护区内的上堡景区，始建于元朝，完工于清初，距今已有800多年的历史，与广西龙胜梯田、云南元阳梯田并列为中国三大梯田，被上海吉尼斯大世界认证为“最大的客家梯田”。明嘉靖年间，东南沿海倭寇活动猖獗，饱受战乱之苦的广东客家人，为避倭患，一部分回迁到赣南这片荒山野岭。由于当地是“八山一水一分田”的丘陵山区，无法形成平原地区那种阡陌纵横的井田模式，为了维持生计，客家先民们便因地制宜，依山建房，开山凿田，从山脚开到山顶，用智慧和汗水打造出富有特色的山区农田——梯田，将一片片荒林荒地开垦成了富饶的田地。

2017年上堡梯田春耕图（崇义县林业局/供）

上堡梯田依山势开建，最高海拔1260米，最低280米，垂直落差近千米，最高达62梯层，线条利落优美，像天与地之间一幅幅巨大的抽象画。由于这里森林覆盖率高达88.3%，涵养了梯田不可或缺的水源，使海拔 1000米以上的梯田仍然能种植水稻。作为中国古代农耕文明的活化石，上堡梯田充分展现了客家人民俗文化、生活方式、宗教崇拜等绚丽多彩的人文文化内涵，并衍生出了“舞春牛”“田埂文化”“农耕谚语”等独特的农耕习俗，蕴含了深刻的人文艺术价值和生态审美思想。

天人合一的客家祖地

除了梯田，崇义县还散落着“上三下三”“九井十八厅”等府第式民居、香火弥漫的祠堂、逐水而筑的水楼。“九井十八厅”是客家人结合北方庭院建筑，适应南方多雨潮湿气候及自然地理特征，采用中轴线对称布局，厅与庭院相结合而构建的大型民居建筑；祠堂是过去客家人家族兴盛和崇祖意识相结合的产物，崇义现存少量明清时期的祠堂，这些祠堂规模宏伟、风格别致、寓意丰富；水楼是一种三面临池的防御性民居，有研究者指出，土楼和围龙屋均是由水楼演化发展而来的。这一砖一瓦，一草一木，无不在诉说着客家人那颠沛流离、团结奋进的历史。

宗祠（崇义县林业局／供）

赣南客家人在构建居住环境时，强调天、地、人和谐统一为主旨的“风水”理念，其建筑依山而建，尽可能不占或是少占农田，且建筑材料大多就地、就近取材，从山里采集的泥土、石头、杉木，倒塌后重新回归土地，充分利用了自然环境资源，并善于将建筑融入山水之中，展现了客家建筑与自然环境的和谐统一，成为客家民居、民俗一大特色。崇义这些极富特色的客家建筑表达着客家人希冀永久和平，祈求与大自然和谐相处的“天人合一” 的孜孜追求。

无论是颠沛流离的迁徙过程，巧为天工的上堡梯田，还是“天人合一”的客家民居，无不体现着客家人在恶劣的环境中求生存求发展的勤劳与智慧。作为徒步爱好者，当我们踏上漫长的国家森林步道，领略祖国壮丽河山的同时，不免会遇到恶劣气候、体力不支等情况，当产生中途放弃的念头时，不妨想象一下当年的客家人是怎样跋山涉水一步一个脚印成功地开辟出一条条迁徙之道，创造出这样一部厚重的文化史诗，以此激励自己继续踏上森林步道的征程，接受更多自然文化的洗礼。

（文／赖玉玲）

三、步道上的心学

沿着罗霄山国家森林步道行走在江西省内时，会遇见齐云山的茶寮碑、崇义的阳岭、阳明湖国家湿地公园，会听到各种王阳明先生的故事。先生虽是浙江余姚人，但江西人对其是一点也不陌生，会时常感受到阳明先生在此地的影响力。

阳明先生在江西

王阳明，又名王守仁（1472—1529年），明代浙江绍兴府余姚县人，因曾筑室于会稽山阳明洞（位于现浙江绍兴），自号阳明子，学者称之为阳明先生，亦称王阳明，是明代思想家、军事家，心学集大成者。

当代著名文化学者余秋雨曾这样评价王阳明："中国历史上能文能武的人很多，但在两方面都臻于极致的却寥若晨星，好像一切都要等到王阳明的出现，才能让奇迹真正产生。"文，王阳明是继孔、孟、朱之后的第四位儒学大家，是心学的集大成者，创书院，宣"知行合一"、"致良知"，弟子极众；武，王阳明30天平宁王叛乱，一年半肃清三省几十年的民乱，官任两广总督。

王阳明心学的最高概括

无善无恶心之体，有善有恶意之动。
知善知恶是良知，为善去恶是格物。

在阳明先生30年的为官生涯中，有10多年是在江西省度过的，期间政绩斐然，影响深远。1510年初，已"龙场悟道"的王阳明调任江西庐陵县（现吉安市）知县。1516年，在闽、粤、赣、湘4省边界的绵延山区中，寇贼匪猖獗，阳明先生升任都察院左佥都御史，巡抚南、赣、汀、漳（现位于江西、福建两省）。经过两个多月便肃

清了山民暴乱。在镇压江西横水农民起义后，王阳明上奏皇帝将上犹、南康、大庾3县一些区域合并成立县，县治设在横水，并以“崇义里”里名为县名（即现江西赣州的崇义县），意为“崇尚礼义”，隶属南安府。之后阳明先生还订立南赣乡规民约，在赣南各县兴办书院、社学，宣讲“知行合一”“致良知”学说。赣南学子纷纷拜先生为师，并在其教育和熏陶下，成为一代理学名家。

破山中贼易，破心中贼难

王阳明虽仅用了一年半的时间就先后平定了江西、福建和广东3地数十年的民乱，但先生也对该地区多呈民乱的原因进行了深入思考。他在写给学生薛侃的一封信中写道“破山中贼易，破心中贼难”。贼与民之间只是一道坎，内心良知则为民，内心失良知则为贼。“破心中贼”就得从教化百姓入手，就得办社学、出乡约。先生以北宋时期陕西的《蓝田吕氏乡约》为蓝本，改造和编制了《南赣乡约》，约束南安、赣州两府百姓，其他州府参考执行。乡约共16条，规定了全乡人民共同遵守的道德公约，涉及军事训练、政治教育、道德陶冶等内容。《南赣乡约》的颁布与实施，使当时的南赣风气焕然一新，民无重赋，家有田耕，城郭乡村，一派清明。今天的南赣地

崇义县思顺乡平茶寮碑（崇义县林业局/供）

区之所以成为客家族群主要聚居地，也与当年阳明先生的平乱，以及之后他所主张与倡导的教化之功不可分割。

阳明先生通过立乡约、办社学，将“山贼”中的“心贼”除去，建立稳定清明的社会。而现如今我们进山徒步，时常会在不以为然的情况下叨扰到这一方“清明”，成了一方“山贼”。而我们这一帮“山贼”的“心贼”也是需要“乡约”来进行约束的。在公共的步道上徒步，也需要遵守一定的步道礼仪，以降低对周围自然环境的冲击，同时也保证步道其他使用者的安全和相互尊重。“无痕山林”逐渐成为了户外爱好者心中的户外准则。其基本原则：行前充分计划与准备；在可承受地表行走和露营；妥善处理废弃物；保持环境原有风貌；野外用火影响最小化；尊重野生动植物；考虑其他使用者感受。这7条基本原则将野外活动对周边环境及其他使用者的影响囊括其中，约束在野外游憩的人们共同遵守以达到负责任的访问户外。

致良知

王阳明先生认为人皆具有仁德，表现在对世界万物的态度上就是“与万物为一体”。如见孺子入井必有恻隐之心，见动物之哀鸣必有不忍之心，见草木之摧折必有怜悯之心，见瓦石之毁坏必有顾惜之心。这是人心的本然，不是在功利基础上寻求生态平衡，人对环境中的事物护惜是无条件的，是一体之心的自然生发，而达到一体之仁的境界就是修养的终极目标。

在“与万物为一体”的同时，王阳明还认为人的良知对万物对自然有轻重厚薄的对待，如人有万物一体之仁，但当人需要破坏草木饲草禽兽之时，心又忍得；需要宰杀牲畜饷宾客时，心又忍得；在危难面前先救亲人后救路人，心又忍得。这就是“良知上自然的条理”，即在爱万物的基础上取用万物。在这一原则的指导下，人既可以普遍地关爱万物，又能合理地取自然物为我所用。

花不在你的心外

《传习录》中记载，先生游南镇，一友指岩中花树问曰：“天下无心外之物，如此花树，在深山中自开自落，于我心亦何相关？”先生曰：“你未看此花时，此花与汝心同归于寂，你来看此花时，则此花颜色一时明白起来。便知此花不在你的心外。”此对话进行时，先生正漫游于南镇的山岩之中，悠然自得地观赏着山中自开自

落的花树。结合对话的情境，有学者这样解读："花"代表了自然界的生态之美，而"心"则是一种生态审美意识。花是审美的前提条件，但只有前者而没有审美主体并不能实现现实的审美过程，所以先生说"你未看此花时，此花与汝心同归于寂"。审美主体与审美对象尚未发生相互作用，生态之美尚未显示出其特有的生命力。天地之大美离开了人与自然的关联就不能称为生态美，只有"你来看此花时，则此花颜色一时明白起来"，这样才能在生态环境中实现真正的审美过程，而此时"便知此花不在你的心外"，也就是唤起了深层意义上对生态观念的理解和认同。

罗霄山国家森林步道将我们带进山林，带到那深山中自开自落的"花"的面前，娇艳的花、翠绿的叶便涌进我们的眼帘，体验到花的颜色一下子明白起来，好像我们一路的艰辛就是为了见它们一面。

（文 / 张伟娜）

阳岭春色（崇义县林业局 / 供）

四、漫步遂川千年鸟道——遇上最独特的候鸟夜徙壮景

鹫峰仙、万鸟岭、鹰嘴崖……这里是位于江西省遂川县的“千年鸟道”，是我国3条鸟类南北迁徙大通道中的中部通道，也是罗霄山国家森林步道中最具特色的地段之一。每年春季、秋季，就如听到召唤一般，成千上万的候鸟成群结队往这里集结迁飞。夜空中，浓雾里，候鸟呼朋引伴，万鸟鼓噪，蔚为壮观，便诞生了独特的“鸟道文化”。

“千年鸟道”历史久远

遂川县西部的营盘圩、高坪是遂川鸟道的核心区，中部线路是候鸟迁徙的必经隘口。作为高山地区，这里低海拔处森林密布，高海拔处则多灌木、草甸，除了高山耸立、峭崖高悬，就是层层梯田、散落的民居、流水飞瀑、青郁丛林。

万鸟岭位于营盘圩的西部，距圩镇不到5公里，这里能清晰地俯瞰营盘圩这个江西省海拔最高的高山小乡镇全貌，全国鸟类环志中心营盘圩鸟类环志站就坐落在岭下的省道路边。万鸟岭海拔1200～1500米，是一条长约1.5公里，自南往北渐次升高的狭

鸟道秀色（方院新/供）

长山岗。沿着山岗小路，一路能看到路边布满了大大小小的石坑，小的约4～5平方米，大的有10多平方米。石坑外围是石片垒起的低矮石墙，内侧山壁位置会凿有2～3个陷入的小洞，也用石片撑住保持牢固不坍塌。由于时代久远，特别是最近10多年没有使用，石墙、石洞长满青苔，这些石坑就是当地山民以前用来捕捉候鸟的"网场"。

秋季打鸟作为当地山民的一个古老习俗，已经延续了千年之久。这里有"春不打鸟，夏不干塘"的说法，每年候鸟迁徙有春、秋两次，因为春季候鸟要飞回北方栖息地繁殖后代，所以春季候鸟迁徙时没有人会捕鸟。而到了秋季候鸟迁徙季节，万鸟岭就会成为全营盘圩的焦点，数百上千的诱鸟灯火从山腰绵延到山顶，总人口不到4000人的边远山乡会有上千人从四面八方聚集到这个小山岗上捕鸟，成为当地一年一度的"盛事"。而"网场"的价值也水涨船高，当地群众告诉我们，在禁止捕鸟前，万鸟岭的捕鸟网场曾经"一场值千金"，在1949年前，就连圩镇上的商铺、猎枪都还不如它值钱。

候鸟迁徙蔚为壮观

为了保护好生态，从2000年起，在人民政府和群众共同努力下，捕鸟习俗得以终结。如果要观赏这里独特的候鸟夜间迁徙情景，就需要到鸟类环志站设置于万鸟岭上的科研捕鸟点。这里是最佳夜间候鸟迁徙观赏地点，而秋季"白露"—"秋分"—"寒露"之间，则是观赏候鸟迁徙的最佳时节。

千年鸟道候鸟迁飞（方院新 / 供）

此时，千年鸟道中遍布的高山梯田，犹如在大山中堆砌了层层黄金，入眼皆是金灿灿的风景。这里保存完好的天然阔叶林，此时也显现了丰富斑斓的色彩，就像巨大的调色盘，而高山地区特有的多雨多雾气候，给这里蒙上神秘面纱，使得鸟道十步一观、百步一景，令各地游客大呼过瘾。

当遇到大范围降温，空气湿度加大，特别是下过小雨后，这种温差转换较大、山上薄雾初起之时，就是候鸟迁徙高峰来临前的预兆。此时，游客经申请许可后，可跟随前往山头网场进行科研捕鸟的鸟类环志站工作人员一同上山，在万鸟岭静静等待。随着夜色渐深，雾气也逐渐浓厚，候鸟鸣叫声开始断断续续出现。这些属于迁徙候鸟里的“散客”，起飞地点离得较近、飞得较早的，规模小，也不容易撞网。

当时间来到凌晨时，雾浓得像粥糊一般，10米外已经看不见人影，甚至山岗上的强光诱灯超过20米远都看不到，而就在这个时候，期盼已久的大群候鸟迁徙场景终于来到。先是一声候鸟高歌“呱！”紧接着“呱呱”声突如其来地在身边的半空响起，嘈杂一片。候鸟的鸣叫声不停变换，一会儿井然有序如进行曲，一会儿又杂乱无章像菜市场；声音的位置也在变换，有时如战机由远而近攸然掠过，有时又像雄鹰捕食在头顶盘旋不停。灯光透过薄雾，可以看到候鸟成百上千地在万鸟岭的半空盘旋。既有个头大的大白鹭、小白鹭、苍鹭、夜鹭等，也个头小而美丽的红嘴相思鸟、仙八色鸫等，堪称一出由成千上万只各种候鸟共同演绎的迁徙“大戏”。

千年鸟道营盘圩晨雾（方院新／供）

鸟道周边风光迤逦

遂川鸟道位于罗霄山脉南部，其核心区域包括遂川的营盘圩乡、戴家埔乡和高坪镇等数个乡（镇）。这一区域森林植被茂盛，森林覆盖率达78.4%，生物多样性丰富，分布有黄腹角雉、白颈长尾雉、云豹和资源冷杉、南方红豆杉、伯乐树等珍稀野生动植物，赣江主要支流之一的遂川江也发源于此，有左、右溪河。

从罗霄山森林步道井冈山江西坳处南下，就是有着300余年历史的赣湘茶盐古道，宽4～5尺，由粗砺石块铺就。古道两侧，在高山顶部位置，则是延绵10里的高山杜鹃群落，每到春季，高大的云锦杜鹃、猴头杜鹃，以及小巧的鹿角杜鹃等10多种杜鹃在山头、在崖壁间争奇斗艳。沿古道继续下行，至石门岭、岭下村，则是阡陌纵横、田舍相间，一派乡村田园的秀美风光。古石桥、古凉亭以及数百年的巨大古树不时现身古道，让行人平添种种忆古思今的沧桑思绪。

当沿古道抵达山底，就来到了罗霄山大峡谷国家森林公园的大峡谷景区。这里垂直高差达500米的剑门关大峡谷，是罗霄山脉的峡谷景观的典型代表，两崖危崖耸立，森林密布，谷底则激流汹涌，惊涛拍岸。更神奇的是峡谷上游还有一处国内罕见的自涌型河滩温泉，并且还是处于未开发的原生状态，别有一番野趣。当在步道行走疲乏之际，在这里休整一番，或泡泡温泉，或河中戏水，堪为神仙之乐。

走完古道，沿着罗霄山国家森林步道继续前行就是遂川千年鸟道，然后折而向东南，陆续可抵经淋洋万亩高山草甸、大汾米岭梯田、罗霄山大峡谷国家森林公园鹰盘山景区、汤湖狗牯脑万亩生态茶园、汤湖温泉、左安桃源梯田等10余处生态景观，这些景点特色各异，就像珍珠项链般荟萃于鸟道周边，位置距离千年鸟道均不到50公里，让遂川千年鸟道成为罗霄山森林步道中最为闪亮的明珠。

（文 / 方院新）

五、岭上开遍映山红——井冈山

江西井冈山国家级自然保护区地处罗霄山脉中段，是赣江和湘江两大水系的分水岭。区内植被起源古老，植被类型多样，生物资源十分丰富，素有“第三纪型森林”和“天然动植物园”之称。保存着全球同纬度最完整的中亚热带天然常绿阔叶林；是两栖、爬行动物保存和分化的重要栖息地；是国际重要鸟区，也是鸟类南北迁徙、东西扩散的中转站和重要通道；是研究中国乃至全球中亚热带生物资源的重要基地。2012年，井冈山自然保护区被联合国教科文组织列入《人与生物圈计划》，成为江西省唯一的世界生物圈保护区。

井冈山杜鹃（井冈山国家级自然保护区 / 供）

井冈山人文遗产和自然遗产一样辉煌灿烂。1927年，毛泽东、朱德、彭德怀等老一辈无产阶级革命家率领中国工农红军来到井冈山，创建了中国第一个农村革命根据地，开辟了“以农村包围城市、武装夺取政权”的具有中国特色的革命道路，从此井冈山被载入中国革命历史的光荣史册，被誉为“中国革命的摇篮”和“中华人民共和国的奠基石”，为后人留下宝贵的精神财富——井冈山精神。

沿罗霄山国家森林步道走进井冈山，沿线杜鹃花遍布，以映山红最为出名。春夏，满山遍野的杜鹃花把步道沿线装点得风情万种，构成绚烂夺目的自然景观，也引出无数动人的诗篇。

“映山红”简介

映山红即杜鹃花，又名红杜鹃、满山红、照山红等，产于云南、四川、江苏、安徽、浙江、江西、福建、台湾、湖北、湖南、广东、广西、贵州等地，生于海拔500~1200米的山地疏灌丛或松林下，为我国中南及西南典型的酸性土指示植物，素有“木本花卉之王”的美称，是长沙和井冈山的市花。

一路山花不负侬

笔架山（曾本广/摄）

江西井冈山国家级自然保护区集峰峦、奇石、瀑布、气象、溶洞、生物景观和高山田园于一体，自然景观独特。特别是杜鹃花，更是一绝，每年4～6月，一团团、一束束、一簇簇杜鹃花在青山绿树间竞相绽放，红者欲燃，白者似雪，粉者如霞，紫者像烟，斑斓似锦，绵延不绝，沿着山的脉络波涛起伏，如诗如画。沿国家森林步道走进这千姿百态，娇柔艳丽的花丛中，一路欣赏到的杜鹃种类达30余种，开白花的江西杜鹃，开红花的映山红，开粉红色花的鹿角杜鹃、云锦杜鹃，开粉红至白花的猴头杜鹃，开淡红紫色花的红毛杜鹃，以及井冈山所特有的珍稀树种——开淡紫红色花的井冈山杜鹃，每一朵花儿，都空灵含蓄，美不胜收。井冈明珠——笔架山十里杜鹃长廊更是独具特色，高达七八米的乔木状杜鹃枝节交错，迎风齐放，在高峻的山崖间形成长达10余里的杜鹃林带，在此徒步，犹如进入仙境一般，当山风徐来，裹着馨香，沁人心甜，让人陶醉。正如宋代诗人杨万里诗云：“何须名苑看春风，一路山花不负侬。日日锦江呈锦样，清溪倒照映山红。”

最惜杜鹃花烂漫

诗人白居易在诗中写道：“最惜杜鹃花烂漫”，一个惜字，道尽诗人惜花之情。井冈山在地理位置上是我国杜鹃花属植物分布中心的边缘地区，它与中心分布区的云南和四川却有着密切的联系。我国云南、四川在古地理上位于古地中海沿岸，这里连同江西、浙江等亚热带地区，

猴头杜鹃（井冈山国家级自然保护区/供）

长蕊杜鹃（井冈山国家级自然保护区 / 供）

绿色植物未曾受到第四纪冰川的严重摧残，保留了不少古老的植物类群，这是我国亚热带地区植物资源异常丰富的原因之一，也为井冈山地区杜鹃花属植物的分布提供了一个比较特殊的生态环境。杜鹃花多生长于山区或森林中，需要森林的庇护才能繁衍生息，许多杜鹃花种类对生境的要求非常严格，如井冈山杜鹃、小溪洞杜鹃等，这些种类是典型的狭域分布型种，适应性差，离不开森林的庇护，一旦森林遭到破坏或干扰，这些种类将迅速消失。因此，沿国家森林步道领略名山大川的磅礴，欣赏大自然馈赠的原生态美景的同时，还应树立保护森林资源的意识，让那烂漫山花满山遍野自由开放。

岭上开遍映山红

在我的家乡，人们把红色的杜鹃花也叫做映山红。“人间四月花最红，最红要数映山红”，是我对映山红的最初认识。电影《闪闪的红星》中插曲《映山红》无人不

井冈杜鹃（曾本广 / 摄）

晓，“夜半三更哟盼天明，寒冬腊月哟盼春风，若要盼得哟红军来，岭上开遍哟映山红”，让我对映山红增添了些许敬畏。经典老课文《我爱韶山的红杜鹃》把红杜鹃比喻为烈火、朝霞和鲜血，满怀深情地悼念革命英烈，感情深挚，曾经深深地感染和激发了一代人，更让我们年轻一代对映山红所代表的红色文化产生了无比的崇敬。井冈山是中国革命的摇篮，这里保存了黄洋界保卫战、小井红军医院、毛泽东旧居、红军军械厂、五大哨口、茨坪革命旧址群等诸多革命历史遗址，书写了当年红军战士可歌可泣的英雄气概。犹记黄洋界当年的背水一战，在弹尽粮绝的情况下，英勇的红军战士在敌人兵力多我军数十倍的情况下，凭借黄洋界的天然屏障，英勇顽强地击退了进犯我根据地的国民党军队。英雄跋涉过的陡峭山路，鲜血所洒之处后来就长出了妖娆的映山红。“从今别却江南路，化作啼鹃带血归”，映山红象征着和平、美好和爱国志士的赤诚之心。

每一朵映山红都象征着一缕生生不息的希望，像燃烧在蓝天与大地之间的一片火焰。它们在高高的山岭怒放着，有着高山一样的宽阔胸怀。踏上罗霄山国家森林步道，走进革命圣山——井冈山，赏杜鹃花美景，不仅是一场景色之旅、身体之旅，更是一场心灵之旅。

（文 / 李兵兵）

黄洋界保卫战胜利纪念碑（曾本广 / 摄）

六、问道武功山

武功山得名于魏晋时期在此修道的武公夫妇，最初名为武公山，后来逐步演变成武功山。由于位置天高地远、山上云雾缭绕，武功山被外界认为仙气充溢，千年来，关于修道、炼丹、飞升的传说从来不曾间断。

时至今日，徒步于武功山上，仍能听到荡涤心灵的钟磬之声。千年以来的道教活动，遗留下来的道观、庵堂、祭坛多处。山顶的白鹤观、山腰的官冈庵，山麓的图坪、箕峰等，均为道教名观。白鹤峰上的葛仙坛、汪仙坛、冲应坛和求嗣坛，古朴自然，承载着人们叩问天地、追思古今，上下求索的愿望。

羽化升仙白鹤峰

白鹤峰因山形而得名，因山名而成为修道圣地。

武功山主峰山体高大挺拔、山顶劲风不断，不长树木，只生茅草，一到秋冬季节，茅草吐露白絮，冰雪封盖山顶，站在其他山峰上远眺，俨然白鹤昂首挺立，因而得名“白鹤峰”。在道教传说中，白鹤峰犹如世外仙山。东汉葛玄、东晋葛洪先后来此修身炼丹，并且在此得道成仙，驾鹤飞升。后来在白鹤峰修道的武公与在井冈山修道的武婆同时得道成仙。

传说毕竟是荒诞，但白鹤峰于修道者的含义却真实存在。例如，葛洪，在炼丹、飞升等传说的背后，隐藏的是一生颠簸，上下求索，从未停止的人生思考。葛洪是三国时期吴国贵族的后裔，年少时家道中落。身份的掣肘，使他在西晋朝廷中仕途起伏不定，不受重用。困顿中，葛洪由儒家弟子转而信仰道家学说，遁入武功山修道。

在他的一生之中，既有遭逢天下大乱，横枪立马、建功立业的辉煌，也有携妻挈子，归园田居的恬淡。晚年选择远离世俗，在恍如世外仙境的白鹤峰修道，将一切绚烂归于沉寂，将一生的波折，安放在高山之巅，置身于功名利禄之外，潜心于哲学和著述之中，是葛洪人生境界的羽化升仙。

千年风雨古祭坛

白鹤峰金顶之上，葛仙坛、汪仙坛、冲应坛、求嗣坛4座古祭坛一一陈列，是全国海拔最高的古祭坛群。祭坛用花岗岩垒砌，块石拱顶结构，这种结构也被称为无梁殿。自然石块垒砌的祭坛，历经高山之巅的千年风雨，苍劲古朴，与周围碧绿的草甸、变幻云海相呼应，浑然一体。

祭坛虽托名葛玄、汪可受等名人，实际却是湘赣地区民间祭祀、祈福的场所，是江南民间道教文化的活化石。

古祭坛中的葛仙坛，建于东晋时期，祭祀在白鹤峰飞升的葛玄、葛洪等仙人，朝向东方，合道教中紫气东来的理论。当地传说葛仙坛有求必应。明嘉靖年间编撰的《武功山志》记载了文员外来葛仙坛求子，回家后夫人生文天祥的故事，而当地县志也有记载，文天祥高中状元后，的确曾经题字葛仙坛还愿。汪仙坛始建于清代，祭祀人界生灵，面向东南，也称望仙坛。《吉安府志》记载：吉州知府汪可受恤民遭贬斥，在武功山愤而脱俗入道。死后武功山当地百姓立坛祭祀，认为汪可受是武功山守护神，可以保佑一方平安。冲应坛祭祀在武功山修道的上清派、净明派祖师，为综合祭坛。求嗣坛为后建，但坛内的泉水，终年不干涸，相传是泸水源头。《武功山志》记载，泉水中有龙居住，经常跃出水面，因为又被成为龙王坛，是当地求雨的场所。

湘赣地区人们信奉道教，认为白鹤峰金顶的古祭坛具有特殊的灵气，在此地举行的祭祀活动，无论是求嗣、祈福或者是求雨，反映的是劳动人民对于人生、对于未来的期冀，对于未知世界的惶恐。因此在特殊的地点，以特殊的形式，在自然和祭祀中获得心理的安定和前行的力量，是一个族群关于人生、关于传承、关于自然的问道。

阁中帝子今何在

武功山的道教遗存，反映的是人们朴素的世界观和价值观，在世外之地，探索生死、宇宙的奥秘，表达对于未知的敬畏。

武功山云海（王源清/摄）

物换星移，千年春秋转眼即逝。宋朝哲学家李觏在拜谒葛仙坛后，曾感慨“仙翁一去后，蔓草空离离”。道家烟火已然消散，仙风道骨的宗师早已不见踪影，然而武功山的泉水却从不曾干涸、祭坛的石块历经风雨也不曾崩塌，草甸的禾草苍劲，云海自如来去。所谓疾风识劲草，人文的风云易散，自然的遗存却永不曾消逝，个人还是族群，关于人生、命运的思考，对于天地的上下求索，也只有在自然的承载中，才能得以传承。

今人问道武功山

武功山如今已成为徒步圣地，来自各地的徒步者在此体验高山云海和空中草原的自然之美。当数日的行走之后，徒步者与千年前的古祭坛不期而遇；追思古今，与看淡红尘的道家宗师进行超越时空的心灵对话，以身体的疲惫，抚平精神的褶痕，在红尘之外，放下心中烦恼，领略自然的真谛。

（文 / 贾俊艳）

武功山徒步（图虫创意 / 供）

七、履步彩云间——跟随徐霞客徒步武功山

千峰嵯峨碧玉簪，五岭堪比武功山。

观日景如金在冶，游人履步彩云间。

——徐霞客《游武功山》

1636年的农历正月初一，宗师级徒步爱好者徐霞客，开始了他徒步武功山的行程。出发前在友人挽留他过完年再走，并以“青天削出金芙蓉”的五老峰相诱时，他拒绝并自称：我着急去看武功山呀（余急于武功）！

正月初一到正月初十，从永新县禾山到安福集云岩，从白法庵到白鹤峰金顶，从九龙山到莲花县界头岭，一诗一游记，是徐霞客向武功山奉上的贡品。武功山也没有辜负徐霞客的急切和真诚，空中草原、飞扬云雾、险峻峰林、奇观冰瀑，是武功山予以徐霞客的回馈。

草　甸

徐霞客对武功山最直观的感受：游人履步彩云间，得益于武功山广阔的高山草甸。

武功山高山草甸（王源清 / 摄）

武功山高山草甸绵延10万亩，被赞誉为“空中草原”，是罗霄山国家森林步道穿越的最壮观、最著名的高山草甸。在海拔1600米以上的高山地带，彩云之巅，冬茅、野古草、芒为主的禾草碧波荡漾，一望无际。以浩浩荡荡的空中草原为背景，天象变换无端。一日之中，

发云界的夜晚星空璀璨，银河横亘头顶，天鹅座、牛郎星、织女星、室女座如同在手边一样。黎明时分的金顶，日出时的云海呈现万顷红波，奔腾澎湃。

初次登顶武功山时，正值5月，我们宿营在金顶等待日出。昨日繁星满天，此时月亮尚挂在头顶，东方翻滚着的云里藏着即将与我们见面的朝阳，五颜六色的帐篷随处可见，陌生的人们不约而同地兴奋着，露珠儿在草尖滚动，晶莹可爱，空气中尽是青草的芬芳和沁人的凉爽。草甸、星空、日出，颜色鲜明的帐篷，构成了记忆中关于武功山最鲜明的画卷。

云　海

武功山云海变幻之美，即使见识广博如徐霞客，也为之震撼。徐霞客在游记中用豪放的文笔描绘了武功山云雾的灵动飞扬、情态万般："云气浓勃奔驰而来""雾复倏开，若先之笼，故为掩袖之避，而后之开，又巧为献笑之迎者。"武功山云海的变幻莫测，古今相同。

武功山云海（王源清/摄）

想要欣赏最为壮观的武功山云海，可以选择在雨后的次日开始徒步之旅。行走之中，如白纱一样的雾气被风吹散复又聚拢，大开大合。高山在云雾中隐约可见，空中草原平添一份神秘气质。置身其中，仿佛即将羽化登仙，驾鹤飞升的仙人一样。

飞　瀑

徐霞客游览武功山时，正值严冬，武功山的万千飞瀑尽数冰封，飞扬灵动的瞬间被定格，"时见崖上白幌如拖瀑布，怪无飞动之势，细玩欣赏之，俱僵冻成冰也"。

武功山素有千瀑之称，红岩谷、油箩潭、蚂蚁冲三大瀑布群更是闻名遐迩。飞扬的瀑布和幽深的潭水和深山秀谷、茂林修竹、满山杜鹃相伴，瀑响林愈静，鸟鸣山更幽。如江西落差最大的瀑布云谷飞瀑，160米的山崖上，瀑布如同白练飞出，明朗纯净。如夫妻瀑布，一道悬崖上的两条瀑布，一条奔腾如雷，另外一条清流婉转，一刚一柔，相辅相依。

羊狮幕风光（刘志勇/摄）

险　峰

在游记中，徐霞客用夸张笔墨描述武功山峰林的险峻，如“矗崖崭柱、上剌层霄、下插九地”“崖石飞突，如蹲狮奋虎”“南面犹突兀而已，北则极悬崖回崿之奇”，并说道，看了武功山，谁敢说这里不雄奇呀。

武功山处于扬子板块和华夏板块的结合部位，地质年代频繁的造山运动，遗留下了险峻的花岗岩峰崖和峰丛中星罗棋布的象形石，以及奇峰怪石间如同神仙洞府一般的岩洞。

峰崖如万松岩、千丈岩、白仙岩等，每一处都鬼斧神工，谐趣天成。奇石中发云界石林、羊狮幕石笋、棋盘石等，怪石百态，每一块石头都有一个久远的掌故。

武功山天然岩洞有10多处，如储云洞、珍珠仙洞、八仙洞等，尤其“一半是海水、一半是火焰”的风火洞，下洞清风徐来，上洞热气烤人，令人叹为观止。

千式武功

武功山四时风光不同，徐霞客毕竟只在冬季游览了武功山，不曾见过春季福星谷和红岩谷漫山遍野开放的杜鹃花，也不曾见过羊狮幕夏季淙淙流淌的溪水，不曾领略秋日的武功山长风吹动茅草白色花絮时的含蓄蕴藉。更与千年的银杏、红豆杉等古树，黄腹角雉、金钱豹等珍禽异兽擦肩而过，不曾谋面。

到武功山，建议您携一卷400年前的游记，赞叹那些徐霞客赞叹过的风景，领略徐霞客不曾领略的风光，看看千年的古祭坛、品味林林总总的道家仙人逸事，遥想魏晋、唐宋108处道观、寺庙的盛景，在草甸、云海、飞瀑、险峰之中，体会四时的变换，感念天地之悠悠。

（文/贾俊艳）

八、绿、黑、红，安源的三原色

由于穿梭于湘赣交界的老区，罗霄山国家森林步道是一条红绿交错的徒步路线。这里有镌刻在新中国革命史上的地名，井冈山、永新、莲花，有令人心潮澎湃的秋收起义、三湾改编、井冈山会师，有令人敬仰的革命前辈们的光荣事迹。一切故事都要从步道中段的安源说起。

安源由绿色为起点，经历了绿色—黑色—红色的嬗变，完成了革命年代的历史轮回。安源是我国工人运动的策源地和秋收起义的策源地，追根溯源，是由于安源是全国最早工业化的区域，依靠江南煤都得天独厚的煤炭资源，形成了庞大的路矿工业基础，工农群体开风气之先，用黑色的煤炭，点燃了革命的红色火种。

绿色积淀的黑色：江南煤都的由来

亿万年前的一次大灭绝，为安源画下了乐曲起始的符号。当时的罗霄山尚未隆起，亚洲大陆甚至仍未分离，与欧洲、美洲仍是完整的一块，被称为盘古大陆，当时气候偏干，陆地上景观荒凉，而安源所在的区域因为临近海洋，气候却温暖湿润，苏铁、蕨类遮天蔽日，银杏、松以及其他未知的裸子植物不断产生并进入繁盛，海洋里菊石、海绵繁衍，此时的安源恍如童话世界。

毛主席去安源（史料）

三叠纪的大灭绝事件发生，使童话世界不复存在，在距今2.5亿年之后长达5000万年的漫长时间里，无论是海洋生物还是陆地生物，同时发生大规模灭绝，堪称地球生物史上最黑暗的时期。当时地球进入地质活

动活跃的时期，而原因至今未知。盘古大陆开始分裂，四处火山肆虐，植物大量死亡并被封入地下，安源在这一时期，积累了厚度达到700米的煤炭层，完成了绿色向黑色转变。

黑色点燃的红色：安源革命的星星之火

当时间的车轮驶入工业时代，凭借地下的黑金，安源成为了我国最早工业化的地区。早在清末，为开采煤炭而成立的汉冶萍公司，为运输煤炭而修建的株萍铁路。因为失去土地而毫无退路的煤炭工人和铁路工人，成为点燃革命的火种。

总平巷工业遗址（江西省林业厅 / 供）

安源革命火种的积蓄早有征兆。1906年，在同盟会的领导下，在工人领班肖克昌的带领下，以1000多煤矿工人为主力，安源第一次踏上争取工人权利的征程，参加了中国近代革命史上的第一次武装起义萍浏醴起义。尽管起义以失败告终，但是安源的矿井里和铁轨间，澎湃的红色血液正在生长。

安源在历史的画布上落下最鲜明的两笔红色，一是安源路矿工人大罢工，二是秋收起义。

到1922年，安源已经有12000名煤矿工人和1100名铁路工人，是全国工人最为密集的地方。失去土地，无所屏仗的工人，在矿井下、场站边被当做牛马驱使。共产党的到来使工人找到了反抗的组织，工人党支部、工人俱乐部相继成立。李立三、刘少奇、毛泽东，先后来到安源。同年9月，工人为增加工资、改善待遇，发动罢工，通过坚决的斗争，迫使路矿当局同意工人全部要求，取得了罢工的完全胜利，成为全国工人运动的起点和中国革命史上的一面旗帜和标杆。

1927年爆发的秋收起义，军事指挥中心正是在安源，主力同样是安源的路矿工人，也是在这次起义中，起义军树起工农革命军的旗帜，做出革命运动由城市转向农村的决定，并沿着罗霄山，从长沙、安源向井冈山转移，星星之火，从此燎原。

红色染成的绿色：森林步道上的安源

绿色掩映的森林步道沿途，到处可以看到当初的红色遗迹，让人察觉到历史从未离我们远去。

沿着罗霄山一路向南，从上栗经过安源到井冈山，就是秋收起义时革命军的行进路线；安源张家湾，有部署发动秋收起义会场；芦溪山口岩，是革命军总指挥卢德铭为掩护毛泽东及大部队转移牺牲的地方，当地村民至今流传着“骑白马的年轻军官牺牲在杂屋边”的故事；莲花宾兴馆，是“一支枪”故事的发生地，见证了农民革命的力量，从而使毛泽东受到启迪，使革命军决定放弃攻打大城市，进军井冈山。

相比铺满整条步道中段的红色遗迹，步道沿途的工业遗址更多集中在安源周边。唐代的采煤井卢风场井、清末设计一直沿用到现在的总平巷，百年前的蒸汽水泵，株萍铁路废弃的铁轨，见证着百年来的喧嚣和煤炭资源枯竭后安源的落寞。

走在罗霄山北段，欣赏高路入云端、险处不须看的自然风光；到了步道中段的安源，则可回味革命历史风云和工业时代的背影。走过安源，看完革命的诗篇和工业时代的遗存后，让我们追随着革命军的足迹，“千里来寻故地，重上井冈山”，胸中燃起“可上九天揽月，可下五洋捉鳖，谈笑凯歌还”的豪情壮志，是徒步罗霄山最为独特的感受。

（文 / 贾俊艳）

江西芦溪县山口岩国家湿地公园（江西省林业厅 / 供）

九、不识大围山真面目

“山根东走盘吴尾，水势西流灌楚头。”古诗中所描述的，就是浏阳河之源——大围山。它矗立于湘赣交界处，是罗霄山脉的支脉，东边属江西省宜春市下辖的铜鼓县，西北方为湖南浏阳市的东北部。群峰逶迤，层峦叠嶂，盘绕150余公里，故名大围。

刀斧下重生的杜鹃

大围山在中国森林植被区划上属于中亚热带常绿阔叶林，公园内森林覆盖率高达99.5%，为这里的奇珍荟萃提供了优良的自然条件。森林公园境内生物资源极为丰富，已发现的高等植物和野生动物有近3000种，其中国家重点保护野生动植物87种，堪称“天然动植物博物馆”。

大围山杜鹃红（张昌国/摄）

大围山风光（杨广泉 / 摄）

但就是这个人间仙境，也曾遭受过空前破坏。1958年成立国有林场后，大量的“砍阔栽针”，山顶平台建立牧场，山顶的森林逐渐退化为灌草丛。直到20世纪80年代末期，林场实行封禁管理，植被才得到有效恢复，现今海拔1200米以上溪谷及坡顶逐渐演替为以杜鹃为优势种的中山山地灌丛。目前已查明的杜鹃种类有38种，除了常见的开红花的映山红，还有平日里少见的野生高山杜鹃——开粉红色至白色花的猴头杜鹃，开淡红色花的红毛杜鹃，开粉红色花的鹿角杜鹃、云锦杜鹃。其中，七星岭、五指石一带杜鹃花最为密集。由于地势与种类差异，大围山杜鹃花的观花期可延续近一个月。

被学术界耽误的中国阿尔卑斯山

我国在20世纪60～70年代进行全国区域地质调查（1：20万），调查没有按行政区域划分范围，而是采用了“国际分幅”的方式。在70年代中期，江西省区域地质调查队姚庆元等人在进行“江西铜鼓幅”地质填图时，首次在大围山发现了第四纪冰川遗迹。后来大围山的第四纪冰川遗迹被《湖南省志·地理志》（1985年）记载，但并未引起相关部门的关注。再加上，湖南当时缺乏相关专业研究人员，并且由于“中国东部中低山区是否存在第四纪冰川”一直存在学术争论等原因，使得湖南地质界“不识大围山真面目”的情形延续了数十年。

玉泉湖羊背石（大围山国家森林公园 / 供）

玉泉寺U形谷（大围山国家森林公园/供）

改变出现在21世纪初。以大围山申报国家地质公园为契机，更多权威、专业机构开始介入对大围山第四纪冰川遗迹的研究，严谨系统地论证了该遗迹的存在，为大围山的成功申报提供了有力的科学支撑。参与国土资源部验收的专家认为，大围山是湖南第一个较典型的第四纪冰川遗迹分布地区。其地质遗迹齐全并且保存完整，堪与阿尔卑斯山第四纪冰川地质遗迹媲美。

行走在这里，不禁要感叹，大自然的鬼斧神工是何等奇妙！冰窖、冰斗、U形谷、鱼脊峰、冰川隘口等冰川地貌，以及冰川条痕石、基岩冰溜面、羊背石、冰川砾碛等冰川遗迹。特别是在大围山主峰七星山海拔1300米以上的带状苔地灌丛草原上，镶嵌着13个大小不一的沼泽湖泊，它们是由第四纪冰川的冰窖所形成的，这13个高山湖泊孕育了伟大的浏阳河。

我不是V形谷，而是U形谷

我们常见的山谷多为V形，是由于流水对河岸的冲刷侵蚀而形成的。而冰川谷的横剖面近似U形，又称槽谷，是由冰川过量下蚀和展宽形成的典型冰川谷，两侧一般有平坦的谷肩，在U形谷底或两壁常能发育磨光面及冰川擦痕。

船底窝—栗木桥U形谷是大围山发育较好的一个冰川谷，仅在船底窝U形谷第2级岩坎（花岗岩）冰川下流的流面上见有冰川擦痕垂向分布。宝贵的冰溜面为大围山增添了无限的光彩。

（文/张兆晖）

十、铜鼓山外是酷暑，山里是凉夏

沿罗霄山国家森林步道西坡翻到东坡，进入湘赣边境，江西省铜鼓县，它地处罗霄山脉北端东部，修河上游，有海拔1000米以上山峰20座，步道途经的大沩山，其羊场尖海拔1514米。区域内气候温润，由于丰富的植被、良好的环境、独特的地质等条件构成了山区特有的小气候，冬无严寒，夏少酷暑，四季分明。以原始生态和客家文化形成了独特的风土人情。

“生态孤岛”——三大平原的生态核心

明朝隆庆—万历年间（1567—1573年），九岭山腹心区域经官府镇压农民起义之后，皇帝下旨把这一带列为禁山，不准平民百姓在此居住营生，清朝沿袭做法，人们称它为“官山”，到了近代，这一带成为了官山国家级自然保护区。至此，官山已有400多年的封禁历史，加上险峻复杂的地形，温暖湿润的气候因素，使得许多生物在此得以保存和繁衍。

凌云山丹霞（铜鼓县林业局/供）

进入官山连片万亩以上的天然阔叶林，徒步其中，甜美的空气沁人心脾，特别是在炎热夏季，随时往树下一站，就是一处舒服的所在，住在这里的人们根本不需要空调等现代化的设备，一年四季晚上都需要盖被子。徒步者走在溪边、林中小路上，发现的不一样的小花、小草、树木，动物，很可能就是“国宝”——国家Ⅰ级、Ⅱ级保护动植物。来到这里的很多人都遗憾自己不是生物专家，感叹自己的生物学知识不够丰富，对随处可见的南方红豆杉、伯乐树、花榈木、闽楠、毛红椿、青钱柳和时常出没的猕猴、白颈长尾雉、黄腹角雉、脊胸蛙只见其身，不详其名。有一年，一只与猴群失散的小猕猴误闯一户牧羊人家里，与羊群熟悉后，每天一早趴在羊背上出去觅食，晚上与羊群一起回家，开心时在羊背上蹦蹦跳跳，与牧羊人、羊群组成一幅人与自然和谐共生的美好画面。生活在这里的人们每天都有吃不完的野果，从悬钩子、覆盆子、毛莓到野桃、杨梅、猕猴桃及锥栗、木通果、苦槠、圆槠、竹笋等等，可以说一年四季都有不同的野花野果。

神秘的八寨——不一样的丹霞

明万历二年，爆发反明抗暴的农民起义，铜鼓凌云山丹霞群因地势险要在当时成为义军著名的八大寨，今天这些山寨还保留有众多的古寨遗址及名人崖刻，这在丹霞景点中是不多见的，也使凌云山丹霞群有别于其他丹霞。

仙羊寨、猴牯寨、杨家寨（含相连的魏家寨）、水坑寨、皂角寨、笆篮寨、赌盘寨和屏风寨一起组成八寨，寨与寨之间相隔约1公里左右，每一个寨都易守难攻，寨与寨之间首尾相连，互为犄角，相互照应。每一个寨子都有一段传奇的故事，古寨遗址、寨墙、古水井、碎砖断垣，依然可见。徒步其中，体验的是自然的美景，感受的是岁月的沧桑，或古藤成林，或山水相映，或奇石盘踞，或山花烂漫，或大树成荫。4月经过这里，还可遇见朱雀花开，朱雀花花形5瓣，朱红色，有两块花瓣卷拢成翅状；顶上两瓣成圆形，青绿色，酷似小鸟头部，风情万种，十分迷人。置身于千年古藤的世界，看着一串串朱雀花从容优雅地垂落下来，迎着峡谷中穿过的微风轻荡，如入仙境。

（文／唐均成　龚考文）

十一、道仙福地，洞天幕阜

沿着罗霄山森林步道，步入湘、鄂、赣三省边界处，可见一巍然挺立的山峰——幕阜山。幕阜山古称天岳山，奇峰挺秀、古刹藏幽、高山草原、苍松翠竹、名人题刻、历历犹存。它是我国最早有文字记载的国家天文与星占于一体的场所，秦始皇曾两次登临寻仙，大禹治水曾经此地，晋代葛洪在此丹崖上烧丹炼药修行。山中现存天门寺、玉皇殿、冲真观、青阳宫等古刹道场，会仙亭、天岳书院等遗迹，山麓有伏羲遗冢，山腰刻有“洞天幕阜”四个有力大字的石崖，无不彰显着幕阜山的传奇与神秘。

苍松翠竹

幕阜山山高林密，森林覆盖率为94%，区内动植物资源十分丰富，其中最引人注目的当属山中自然生长成片高山黄山松林，面积达886公顷，系南方地区最大的黄山松群落，并被原林业部列为我国南方黄山松母树林基地。黄山松生长在 1000米以上的高山上，于高山寒流、冰封雪压的摧折中屹立不倒、顽强生长，形成了蟠龙松、迎客松、平顶奇松、九龙松、会仙松等形态各异姿势优美的奇松。

幕阜山还拥有成片的竹林，自成景观。除了竹海滔天的毛竹林，区内还拥有多种奇竹，如紫竹、方竹、桂竹、筱竹等均比较少见而珍贵。此外，位于流水庵山背的一平坦巨石的石隙缝中生有一竹，繁茂的枝叶垂于石上，一年四季在石台上拂扫，名曰“青竹扫台”，古人将其列为幕阜诸景之首。姿态万千、鲜翠欲滴的竹子将这肃穆的深山装点得格外秀丽。

天岳溯源

天岳幕阜山被视为雷神居所而受到人们崇拜。溯其源，一是传说中华民族的人文始祖伏羲氏归葬于此，当地人们自古以降皆尊伏羲为雷神；二是据《平江县志》等记

载，此山位于平江县东北90里处，而在先天八卦中，东北为震、为雷；三是此山常年多雷，人们怀着敬畏之心，常年向雷神祈祷，并尊此山为雷公山、雷台山。

雷神是天意的代言神，替天主持公道，惩恶扬善，在古代原始宗教的意识中，是地位极高的天神，因此先民又将伏羲认定是雷神的儿子。雷神鹰嘴龙身，伏羲人首龙身，故又称之为“龙的传人”。雷神魂归故里后，山脊上有自然形成的龙鳞状花纹，伏羲为太昊，即功高齐天的神，这就是幕阜山被封“天岳”的缘故。三国时东吴名将太史慈在建昌担任都尉时，领兵抗刘表于予磐，扎营幕于山中，遂改称幕阜山。

天岳关

步入幕阜山脉主峰之一的黄龙山，于山巅处见一文化遗存“天岳关”。天岳关紧扼湘鄂要道界，以其险峻的地势和中国军民在此阻击侵华日寇浴血奋斗而享盛名。天岳关海拔1200多米，始建于南唐保大中期，历经千年战火洗礼，后两次改建，素有“一夫当关、万夫莫开”之险，历来为兵家必争之地。“山行十日雨沾衣，天岳关前对落晖。白发苍颜重到此，问君还是昔人非。”北宋诗人黄庭坚曾两度重游天岳关，宋代岳飞领兵清剿洞庭杨么时曾派兵屯此关，太平天国、辛亥革命、北伐战争、抗日战争均在此发生过激烈的战斗。

凭关北眺，苍松翠柏，遮天蔽日，仿佛把人的思绪拉回到炮火纷飞的抗日战争年代。走下关墙，拾级而上，但见无名英雄墓遗存的碑林、石刻和墓志铭，讲述了中国军民浴血奋斗的英雄事迹。1938年，刚组建不久的国民党陆军第92师开赴抗日前线，参加了台儿庄会战和武汉保卫战。武汉失陷后，该师撤至通城西南，据守天岳关一线。1939年，92师某团为半路阻击进攻长沙的侵华日军，与敌在天岳关激战两昼夜，不幸全军覆没。为纪念阵亡将士，师长梁汉明征集百余工匠，历时8个半月，于1940年在天岳关旁建成了这样一座无名英雄墓，以旌忠烈。

道仙福地

“洞天福地说”亦即“道教仙境学”，是道教文化的重要组成部分。洞天福地是指神仙居游的处所，“洞天”即通天之山洞，居此修道可以通天仙；“福地”即受福之胜地，居此修炼可以成地仙。“洞天福地”的观念大约形成于东晋以前，传说道士居此修炼或登山请乞，则可得道成仙。群山巍峨的景色，幽深的峡谷洞穴，变幻莫测的气象，都足以激发修道之人的共鸣与幻想，从而逐渐形成大地名山之间“洞天福地”的观念，后人把吉祥之地皆称为“洞天福地”。

幕阜山历来为道教圣地，唐杜光庭所著《洞天福地岳渎名山记》中称幕阜山为道教三十六洞天的“第二十五洞天，幕阜山洞，元真太元天。”幕阜山山势雄伟，飞瀑流泉、洞天奇景，再加上富含铅、铜、丹砂、云母、硫黄、砂、金等矿产和各种珍贵的中草药，确是修仙炼丹的好地方。“四大天师”之一的葛洪以此山为实验基地完成《抱朴子》一书，明朝大医学家李时珍追随桐君之足迹，来幕阜山寻找仙草奇药，并将幕阜山所产的白术载入了《本草纲目》之中。置身此山中，寻访葛洪修炼遗迹“丹岩”“炼丹台”“会仙桥”，还有冲真观、青阳宫等道教遗址，加上山顶终年不散的云雾、清新入脾的空气，颇有羽化登仙之感。

葛 洪

中国道教学说的创始人之一，曾于幕阜丹岩一天然石洞“下狮洞”内炼丹，并著有多种道家著作。相传，当年葛翁炼丹修行时，观音菩萨为考验他的意志，于一大雪之夜，化作一美女前往借宿，葛真人将她拒之门外。次日葛洪早起，见石洞门前留下一摊血迹和几缕青丝，以为借宿女被老虎吃了，他深深自责后悔不已，于是来到丹崖岩跳崖自尽。观音圣母托起一片祥云，将葛真人升入天堂，葛洪遂成正果。明代诗人郭本有诗云：“翠险巍峨插碧空，千寻峭壁染丹红……药炉丹灶今何在，直欲乘云问葛洪。”

（文 / 赖玉玲）

十二、潇湘之北，远方的家——五尖山

随罗霄山国家森林步道从湖南最北端进入潇湘之地，便进入了瑶族同胞生活的家园。这里曾是“无战争、无贡赋、无灾害”的理想家园，是世界上瑶族同胞至今仍思念的远方的家。这里还藏匿着湖南山水的封面——五尖山。行走深山，走石路，过石桥，宿石屋，也一路享受这世外桃源之地。

五尖山森林步道（临湘市林业局/供）

瑶族千家峒

瑶族文化遗址（临湘市林业局/供）

瑶族是一个历史悠久的民族，早在炎黄时代，就与苗族先民组成强大部落联盟（蚩为苗族自称，尤为瑶族自称），抗衡炎黄部落联盟，与其战于涿鹿之野，后被打散，南迁，“千家峒”则是瑶族民间流传的瑶族先民南迁之后居住的圣地。“峒”在瑶族语系中是指群山环抱之中较为宽阔的平原，千家峒就是指生活着上千户人家的山间小平原或山间盆地。千百年来，瑶族同胞为寻找他们最早的故乡而付出种种努力。2001年，中国瑶学学会发布《龙窖山千家峒认定意见书》，“确定龙窖山千家峒……是瑶族历史上早期的千家峒。”文献记载和遗迹留存都佐证了这一说法。

宋·范致明《岳阳风土记》中记载“龙窖山在（临湘）县东南……山极深远。

其间居民谓之鸟乡，语言侏离，以耕畲为业。非市盐茶，不入城市，邑亦无贡赋，盖山徭人也。”瑶族先民在此无贡赋，自耕而食，自织而衣，享一片世外桃源。而如今走在这涧深洞长的龙窖山，遍布于高山密林的石屋、石门、石桥、石板路、石级、石器、石墓群等等，无不将掩映于崇山峻岭中的瑶族古老的石文化展现在我们面前。

五尖竞秀

五尖山国家森林公园，就位于临湘市城西1公里处，因由望城山、轿顶山、鹰嘴山、周家山和麻姑山五座山峰组成，故名“五尖山”。5座高耸的山峰，如披玉甲，尖削入云，秀丽多姿。园内物种丰富、植被茂盛，有200多公顷天然阔叶次生林，更有桃花溪、竹苑茗秀等景点争奇斗艳。好地方必定有好故事，这里就有着一个个耐人寻味的历史传说。你看那“百步梯”，相传是乾隆皇帝下江南，经过五尖山时被这里的景色所吸引，决定登临绝顶，但由于山势陡峻无路可上，随从们就命地方官吏叫来数百个石匠夜以继日地开凿石壁，从山脚到山顶，刚好凿出100级。你看那“练兵场”，石砌的围墙、大门、壕沟和练兵场的遗址清晰可见，据说三国时期鲁肃曾在这里训练水师。你看那雕龙画栋的致远亭，是为纪念晚清湖湘才子吴獬曾到这里讲学而修建。

临湘贡茶

临湘是国内黑茶的主产区，临湘种茶始于秦汉，盛于隋唐，贡于五代。临湘的贡茶名扬古今，唐末五代开始进贡，明洪武二十四年（1391年）朱元璋“罢造龙凤团茶，采芽茶以进贡”，结束了北宋的“龙凤团茶”贡茶，开始要求进贡“芽茶”，而“龙窖山芽茶味厚于巴陵，岁贡十六斤”，直至清末废止，贡茶时间延续1000多年。临湘茶从古至今不仅是供皇家的贡茶，还出口国外。大家熟知的影视作品《乔家大院》中展示了晋商开辟“中俄茶路”，走运万里，乔致庸所贩运的茶叶正是“临湘黑茶”。回溯历史长河，古丝绸之路上，临湘黑茶随着马蹄声声进入边疆。明代文学家汤显祖在《茶马》中写道“黑茶一何美，羌马一何殊”，可见当时黑茶在茶马互市上的繁荣。

在沿罗霄山国家森林步道途径临湘时，何不在补给点补给些黑茶上路，路上疲乏之时，烧水煮茶，那色如铁，汤如琥珀的黑茶入口，先涩、后甘、再醇。细啜，享一时的小安逸。

（文 / 张海林）

第六章

武夷山国家森林步道

武夷山国家森林步道南端位于福建省武平县梁野山，过江西上饶，经闽赣浙3省交界的仙霞古道和廿八都古镇，向北延伸到浙江省遂昌县，全长约1160公里。途经12处国家森林公园、9处国家级自然保护区、1处国家公园、4处国家级风景名胜区、3处国家地质公园、3处世界遗产。武夷山脉地势高峻雄伟，层峦叠嶂，丹霞地貌典型，许多山峰海拔均在1000米以上，地带性植被为中亚热带常绿阔叶林。武夷山是世界著名的理学名山，文化特色鲜明，是客家文化聚集地。

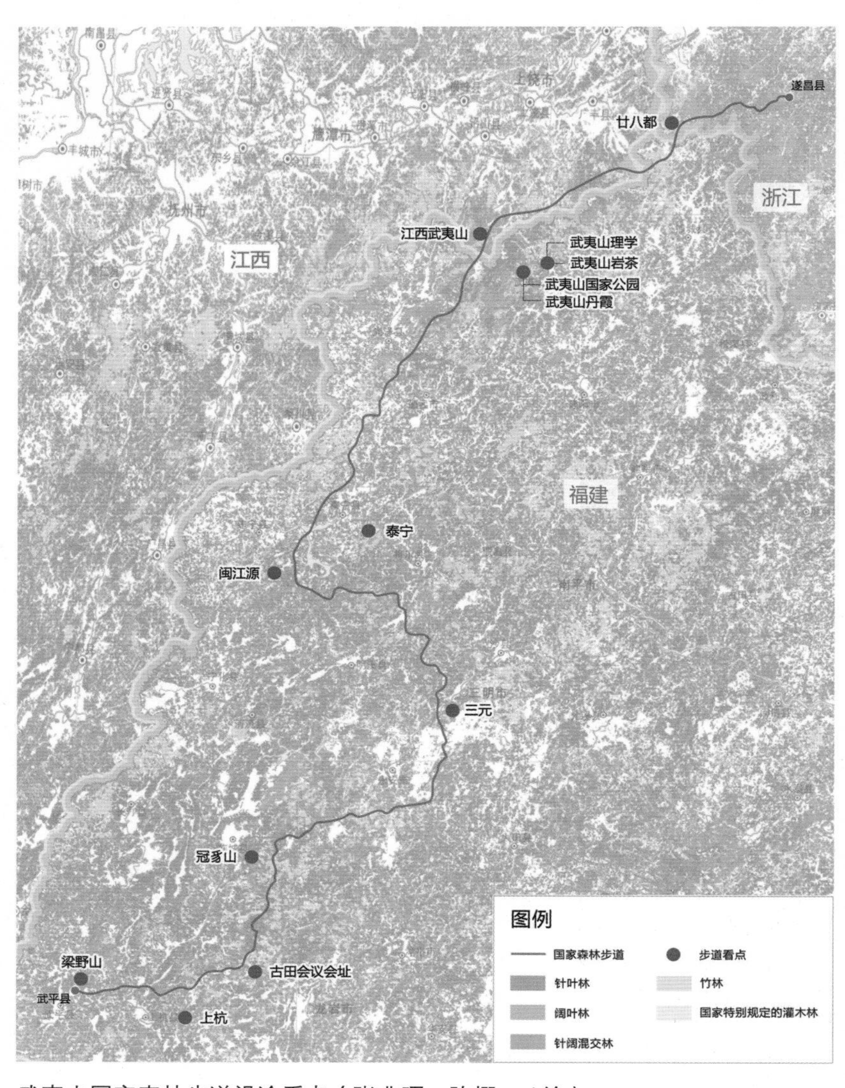

武夷山国家森林步道沿途看点（张兆晖　陈樱一 / 绘）

一、梁野仙山，绿色明珠

梁野山远眺（李国潮 / 摄）

梁野山又称“梁野仙山”， 位于武夷山国家森林步道的最南端，坐落于闽、粤、赣结合部的龙岩市武平县境内。静谧的梁野山，古树参天、林海莽莽，万亩红豆杉的天然原生群落和在此顽强生存的“活化石”银杏，平添了这山的奇妙与珍贵；形状奇特的古母石、寂寥幽深的仙人洞、庄严肃穆的白云寺，诉说着定光古佛的传说；深邃的仙姑潭、古老的荷叶石、气势磅礴的通天瀑，流传着何仙姑的传奇；云中村寨、飞瀑流泉，使得梁野山更似人间仙境。

北回归线上的绿色明珠

梁野山位于北纬25°，地处泛北极植物区与古热带植物区的过渡地带和武夷山脉最南端、南岭山脉最东端的交汇点，独特的地理位置孕育了梁野山众多珍稀保护动植物，保存着较为典型的中亚热带森林生物资源和森林生态系统，是福建省乃至全国保护最完好的天然原始森林群落之一，堪称“北回归线上的绿色明珠”。漫步梁野山，你可以邂逅泛北极植物区系的南方红豆杉、亮叶桦、水青冈，热带地区的白背瓜馥木、黄桐，还有南岭山地的罗浮栲、硬壳桂等，仿佛置身于神秘的植物王国。

最引人注目的还属区内天然分布的南方红豆杉种群，面积近667公顷，林内天然更新良好，年龄结构呈金字塔形，其种群结构之好、面积之大，堪称全国第一，被林业专家们誉为“国宝”。同时，近1000亩的观光木林、钩栲林等稀有的原生性森林生态系统保存非常完好，处于原始状态，亦为全国罕见。此外，直径达到134厘米的光叶石楠“树王”，五棵阿丁枫紧紧围绕在一起，晴天时呈现金黄色的“五福临门”，世界珍稀濒危树种半枫荷“两小无猜”般组合着，这一路自然生长的古树奇木、原始森林，将梁野山的“野”体现得淋漓尽致。

梁野山红豆杉果实（李国潮/摄）

梁野山红豆杉群（李国潮/摄）

云中村寨

在梁野山里千回百转，一转身，棋子般的村舍和大片绿色的农田展现在眼前，让人豁然开朗，这就是隐藏在大山深处的客家村寨——云礤村。平均海拔600米的云礤村，山高田广、屋舍俨然、阡陌如绣、流水潺潺，一派田园风光。村内常年云雾飘绕、气候宜人，梁野山主峰古母顶静静守候着这片村庄，勤劳的客家人民世世代代在这里耕耘着希望。每到深秋时节，金灿灿的稻穗诗化了田野、红彤彤的果实笑弯了枝头，丰收的喜悦弥漫在每个村民的脸上，一片忙碌的乡间景象让人倍感亲切。

步入云礤村深处，还可见一处整体落差达七八百米的云礤溪，10余条瀑布沿溪分布，有的壮阔，有的婉约，为静谧的云礤村奏起自然的交响曲。溪谷之中，花木清幽，飞瀑深潭，烟云掩霭，漫步其间，森林在听，田野在望，飞瀑在旁，薄雾下的云礤村既有世外桃源般的缥缈，又多了几分尘世的喜悦。

云礤村风光（李国潮 / 摄）

定光古佛

梁野山历史悠久，是定光佛文化的发祥地之一。山顶古母石，流传着定光古佛惩恶扬善的故事；距古母石约500米的“仙人洞”，相传是定光古佛修炼之处；山顶白云寺建于宋朝，具有1000多年的历史，现已改名梁野寺，供奉客家保护神定光古佛，为有着“客家保护神”之称的高僧自严大师创立，香火鼎盛。寺内5尊古佛造像，皆属抽象面具，是儒、释、道熔铸闽人巫术遗留的独特文化符号；庙前有白莲池、仙人井，仙人井旁有一建于乾隆十四年的小石塔——普福塔，处处承载着定光古佛的历史。

武平定光佛信俗已传承千年，流传于闽、粤、赣、台湾及东南亚各地区，深深烙印在客家人的心中，是客家人的保护神，其熔铸儒、释、道以及吸收巫术之长，兼容并蓄的定光佛文化，成为人类文明史上不可复制的文化符号。因为定光古佛的声名远扬，尽管山高路远、几经兴毁，梁野寺依旧香火旺盛，名震闽、粤、赣3省各地。1000多年来，定光古佛静静守护着梁野山下的子民，和一个叫做客家的民系一同栉风沐雨。

定光古佛的来源

定光古佛的来源有很多种说法，流传最普遍的是，定光古佛的化身为唐末宋初的高僧，俗家姓郑，名自严。他于11岁出家，17岁得到云门大师的嫡孙、清凉智明禅师的高徒西峰圆净大师的指点，后来云游到闽西武平县等地，在当地留下除蛟伏虎、疏通航道、活泉涌水、祈雨求阳、赐嗣送子、筑陂止水的故事。他在82岁时坐逝。多年以后，汀州城遭寇贼围攻，相传他显灵退敌，使全城转危为安。朝廷于是颁赐匾额，将他住过的庵寺命名为"定光院"，他也因而被尊为"定光佛"，与伏虎禅师并列为汀州二佛，成为闽西汀州的守护神之一。圆寂之后留肉身与后世，流传至今。

仙姑故里

在福建武平灵岩村狮岩，有供奉着八仙之一何仙姑的"仙佛楼"及何仙姑亭；在不远处的宁洋村，有何仙姑之父何大郎墓，以及何仙姑真身所葬的乾湖塘遗迹。在梁野山的通天瀑、仙姑潭，也流传着何仙姑的故事。可以说，武平为仙姑故里。据传，在山高林密的梁野山，吕洞宾与何仙姑偶遇，见此人相貌不凡颇有仙质，便传于她道家仙法。此后，何仙姑在今梁野仙山仙姑潭沐浴，在通天瀑处潜心修行，希望早日得道成仙。不久后，吕洞宾回来看见何仙姑在通天瀑勤学苦练，为帮助她早日加入仙班，便赠与她一枚仙桃，何仙姑吃后便在通天瀑处直入仙班。

客家地区向来有"佛道"相融的习俗，定光古佛以其英勇，留下伏虎、除蛟等系列神迹，成为客家保护神；何仙姑则以女性的善良，为百姓解除病痛，也颇受百姓敬仰。定光古佛和何仙姑分别作为佛道代表，造福一方百姓，也使得这梁野仙山显得更加得灵动而厚重。

（文 / 赖玉玲）

二、行走在古田

若从武夷山国家森林步道南端出发，一路向北，很快就会走到龙岩市古田县，当步道沿线的标识标牌上出现“古田”两个字时，你一定可以想到那场著名的会议——古田会议。那就走下步道，走进革命圣地，重温那场会议，重读毛主席那篇著名的著作——《星星之火，可以燎原》。

古田会议之初心

1929年12月28～29日，请记住这个时间，因为这个时间在中国共产党、新中国的历史上都是并将一直是一次极其重要的时刻。在这段时间，中国共产党红军第四军在福建省龙岩市上杭县古田镇召开第九次党代表大会，史称“古田会议”，会议决议确立了红军的建军原则，奠定了人民军队政治工作优良传统的坚实基础，这次会议是人民军队建设史上一座光辉的里程碑。

性质决定任务。会议决议明确指出“红军是一个执行革命的政治任务的武装集团”，因此“红军绝不是单纯地打仗的，它除了打仗消灭敌人军事力量之外，还要负担宣传群众、组织群众、武装群众、帮助群众建立革命政权以至于建立共产党的组织等项重大的任务”。面对革命这件必须完成的任务和使命，红军若“离了对群众的宣传、组织、武装和建设革命政权等项目标，就是失去了打仗的意义，也就是失去了红军存在的意义”。这就明确表明必须反对单纯军事观点和流寇思想，红军必须执行打仗、筹款、做群众工作等任务。

古田会址内毛泽东办公场所旧址（黄　海 / 摄）

统一思想，才能齐头并进。古田会议决议还规定了党对红军实行绝对领导的原则。随着革命的深入和战

古树环抱的古田会址（黄　海 / 摄）

争的发展，红军吸纳了一部分农民和其他小资产阶级出身的同志，各种非无产阶级思想经常反映到红军队伍中来。因此古田会议指出，应当有计划地进行党内教育，以马克思主义和党的正确路线教育广大党员，提高党内的政治水平，使党的组织确实能担负党的政治任务。

历史往往在经过时间沉淀后可以看得更加清晰。习近平总书记2014年来到古田会议会址并召开了新时代的“古田会议”，让大家思考我们当初是从哪里出发的、为什么出发的，不忘初心，继续前行。

回顾历史，是为了更好的前行。武夷山国家森林步道南段穿越古田，邻近古田会议会址，老一辈革命人在此树立了人民军队的军魂，人民军队护佑了新时代的繁华盛世。在采眉岭走累了，不妨走向笔架山下的古田会议会址，在那古朴的四合院中重温革命的力量，也问问自己为什么出发。

星火燎原之看得见的希望

星星之火可以燎原（黄 海/摄）

在那一年，红四军的第九次党代表大会刚刚闭幕不久，在距古田会议会址不到1公里的赖家坊协成店内，毛泽东在寒冷的冬夜，秉烛夜书，写下一封信，信中有这样一段话："它是站在海岸遥望海中已经看得见桅杆尖头了的一只航船，它是立于高山之巅远看东方已见光芒四射喷薄欲出的一轮朝日，它是躁动于母腹中的快要成熟了的一个婴儿……"这封针对党内部分同志悲观情绪而回复的信件，最初以《时局的估量与红军行动问题》为题印发给红四军广大干部士兵学习，后改题为《星星之火，可以燎原》收录在《毛泽东选集》第一卷。

这封信中回答了"红旗能打多久"的问题，而且为处于低谷的中国革命注入了新的动力。在这封信中毛泽东对中国国情和中国革命进行了具体问题具体分析，阐述了一个主题：在半殖民地的中国，在白色政权包围中，小块红色革命根据地完全可以存在和发展，建立人民的武装政权，用革命的农村去包围反革命占据的城市，最终在全国范围内夺取政权。这封信标志着毛泽东"以农村包围城市，最后夺取全国胜利"革命理论的初步形成。在1930年新年一经推出，就像冬天燃起的熊熊烈火，帮助红军战士驱散错误思想的雾霾，一扫一些同志对中国革命前途悲观失望的情绪，重拾"全国革命高潮快要到来"的信心。

从古田会议会址出来，沿着弯弯曲曲的村道，在老乡们的指引下，走向协成店的小厢房，脑海里仿佛可以想象出毛主席在那个寒冷的冬夜，内心充满光明和希望写下那封信。当我们只身在武夷山国家森林步道徒步时，清晨走出帐篷，站在高山之巅远看东方，看到那光芒四射喷薄欲出的一轮朝日，想象当年毛主席是何种自信，将革命的胜利比喻成这即将温暖整个大地初升的太阳。而我们也可以在经过充分地调查、分析、准备之下，本着初心，自信地出走荒野，踏步前行。

（文/张伟娜）

三、禅迷西普陀，相思红豆杉

武夷山国家森林步道沿线的上杭国家森林公园，位于福建省龙岩市，包括西普陀、南方红豆杉生态园和摩陀寨三大景区。其中，西普陀以佛法传名，与浙江普陀山、厦门南普陀同宗临济，被称为“天下名胜之境”。南方红豆杉生态园拥有3000余株国家Ⅰ级保护植物南方红豆杉，实属罕见。千年的禅寺、千年的红豆杉，穿越了千年的风雨，向我们缓缓走来。

普陀日月千秋照，山里枫林万代红

“普陀”，为梵文音译，原指观世音菩萨所居之岛，也有“美丽的小白花山”“光明山”之意，是观音修行的净土。作为佛教圣地，那密如蛛网的悠悠古道，遍山分布的寺庙遗址，随处可见的断碑残刻、出土的宋朝菩萨头像，无不在彰显着曾

日出与上杭国家森林公园毗邻的梅花山（黄　海 / 摄）

林中古驿道（黄　海/摄）

经鼎盛辉煌的佛事和悠久的历史。据《上杭县志》及有关史料记载，西普陀至少于宋代就已出现，佛教文化底蕴深厚，早在明代就以佛法传名，禅香盛世，为闽、粤、赣边区著名佛教圣地，曾经“僧众数百，禅农两旺，晨钟暮鼓和鸣，香火青灯辉煌，朝山进香者摩肩接踵”。沿着石阶古道蜿蜒而行，但见那古树参天、禅院深深、飞瀑流泉，香林塔、金玉顶、普陀寺、云峰寺、古牌坊……寺庙的古朴厚重与山野的自然轻灵融为一体，让人心生敬畏。

与悠悠古道相得益彰的是那西普陀的第一景观——千亩枫树林。与别处枫树不同的是，这里的枫树皆“成双成对”，仿佛一对对生死相依的夫妻或热恋中的情侣，故而又称为连理树或鸳鸯树。每到深秋时节，绵延千里的枫树林层林尽染，那一抹抹红像恋人炽热的心，使得整个山林变得格外温柔、情意绵绵，让你不自觉地放慢了脚步，细细地去品位每一株枫树神韵，去聆听每一片枫叶落下的声音。行走在枫叶铺就的古道，看那落满枫叶的庙宇的屋顶，心变得格外得宁静和虔诚。

秋枫（吴锦平 / 摄）

南方有佳木，相思红豆杉

200多亩原始森林，3000余株南方红豆杉耸立，最高的树达30余米，最粗的要5人合抱。有千年的红豆杉王，有两株并体而生的姐妹红豆杉，株株胸径都在1米以上，树龄长达600年至千余年。苍老的青苔爬满了透红的树干，遒劲的树干直冲云霄，苍翠欲滴的枝叶间缀满鲜艳夺目的红果实，像一个个饱经风霜的智者，又像一个个情窦初开的少女。如此数量众多千姿百态的南方红豆杉林在中国实属罕见，成为上杭国家森林公园的一大胜景。

南方红豆杉被列为国家Ⅰ级重点保护野生植物，是冰川时期就有的高大常绿乔木，在地球上已有250万年的历史。不仅古老珍稀，而且全身是宝，是目前世界上公认的濒临灭绝的天然抗癌植物，更因唐代诗人王维“红豆生南国，春来发几枝。愿君多采撷，此物最相思。”的诗歌被称作“相思树”。许是因那初冬的季节结出的一树一树黄豆般大小挂满枝头的红果，一个个鲜嫩饱满，犹如恋人间互相思念的炽热的心；许是那绕枝盘旋的鸟儿，琴瑟和鸣，唱不完的情歌；许是那雌雄异株的属性，在风过无痕的山林中，红豆杉们雌雄相间，凝视着彼此，道不尽的思念；许是它那生长速度缓慢的习性，象征着爱情的持久绵长。

禅迷西普陀，相思红豆杉。来到武夷山国家森林步道，登上西普陀，追寻佛法的历史，徜徉枫叶林和红豆杉的海洋。

（文／赖玉玲）

红豆杉生态园（黄　海／摄）

四、冠豸山水，价值连城

武夷山国家森林步道起点附近的福建省连城县有一座被称为“客家神山”的冠豸山。冠豸山“平地兀立，不连岗自高，不托势自远”，雄奇、清丽、幽深，与武夷山同为丹霞地貌，因此被赞为“北夷南豸，丹霞双绝”。冠豸山脚下有一座典型的客家古村落——培田古村，雄奇的冠豸山与深厚的客家文化一起，散发着武夷山国家森林步道上独特的吸引力。

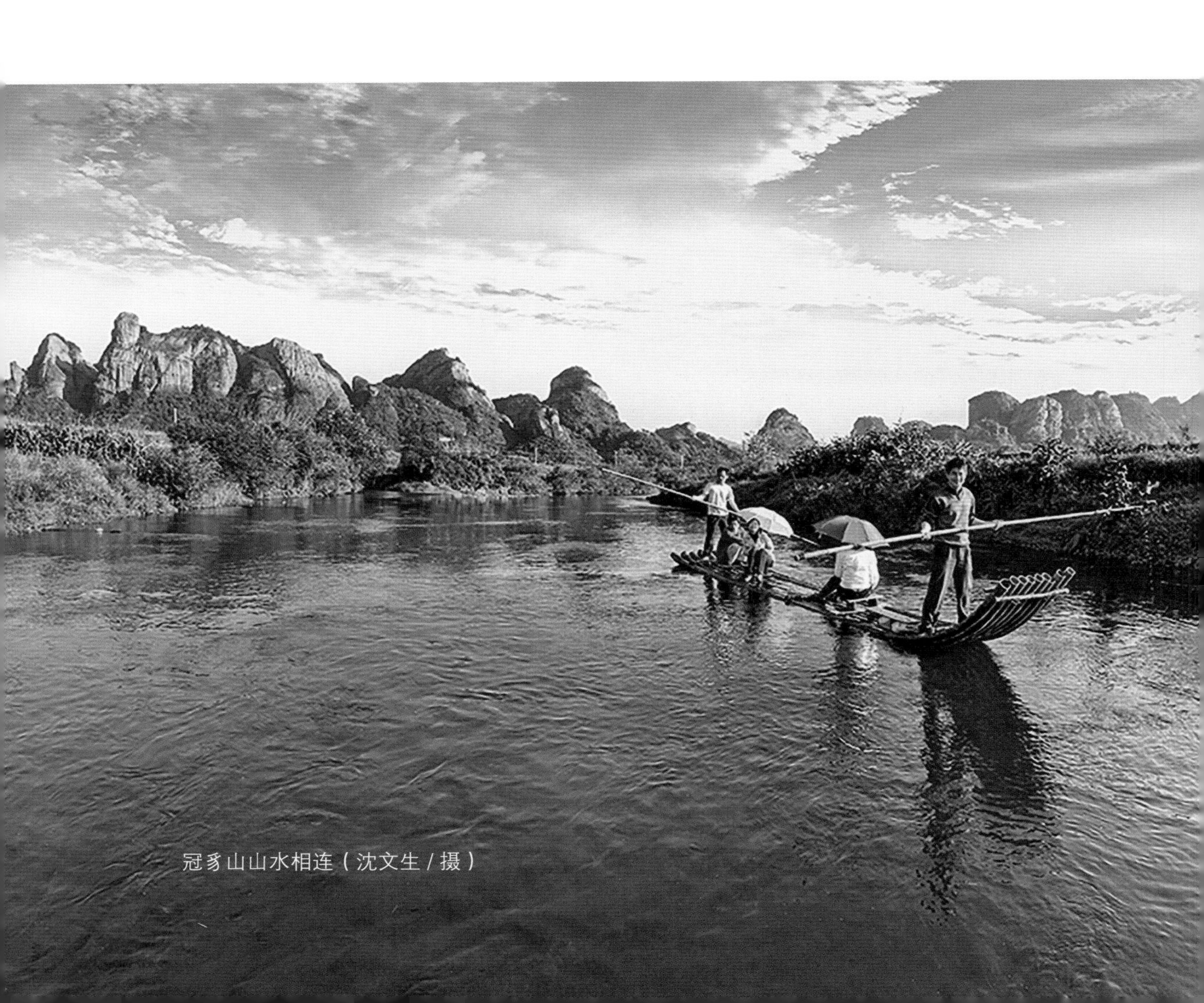

冠豸山山水相连（沈文生 / 摄）

冠豸山的“豸”该如何读呢?

冠豸（zhai，四声，读音同“寨”）山因其主峰酷似古代的獬豸（zhi，四声，读音同“制”）冠而得名。獬豸冠是指古代御史等执法官吏戴的帽子，后代指执法官吏，因此冠豸山寓含有刚正廉明之意。既然冠豸山得名于獬豸冠，那应该读作guan zhi shan，怎么会读作guan zhai shan呢？其实是因为古代时冠豸山是写作“冠廌山”，而且当地人一直将此山叫作guan zhai shan。在《康熙字典》等一些字典中均将“豸”与“廌”通假，而我国2011年之前的字典中“豸”仅有一个zhi的读音，因此许多人都以为读音为guan zhi shan。通过一系列的调研、考察、研究，最终国家正式将冠豸山读音定为guàn zhài shān。

壮年早期的丹霞地貌

冠豸山丹霞地貌中最特色的地貌就是堡峰、墙峰、峰墙、墙峰丛了，堡峰和墙峰一般位于山巅等山势较高部位。堡峰是顶部较平缓或倾斜的堡状山，冠豸山就是这种形态。墙峰是由崖壁形成规模较大的墙状山峰，而峰墙则是以墙峰为基座、连续排列、紧密相依的石墙群，这些特色造型地貌与大小线谷、巷谷和峡谷构成丘陵陡壁组合、峡谷陡壁峰林组合和沟谷陡壁峰林组合。除了峡谷与山峰相映成趣之外，冠豸山丹霞均属单面山型。单面山是指一面极斜一面缓斜的山，这则是由于冠豸山构造盆地较小、单一的冲积扇体多次构造形成。

冠豸山山峰群（沈文生 / 摄）

由于冠豸山并未发育到河谷和宽谷形态，因此与幼年型的丘陵陡壁不同，同时又缺少年老型的峰林陡壁型、残峰陡壁型、丹崖残峰型以及方山陡壁组合形态，表明冠豸山的丹霞属于壮年早期，是福建省壮年早期单斜丹霞地貌的典型代表。

客家耕读，精神传家

冠豸山脚下的培田村，是一座典型的客家古村落。培田村的山水地形极佳，冠豸山、笔架山和武夷山余脉三道山峦宛如三龙相抱，村外五个山头似五虎盘踞，清澈的河源溪围绕着错落有致的古建筑群，更使人感到培田客家村如世外桃源一般的秀美与灵动。惟耕惟读是客家人的传统，重视耕种是客家人历经百年风雨，在不断南迁的途中收获的领悟，重视读书则是客家人在动乱稳定之后对后代的要求与希冀，也是客家人世代传承的宝贵精神财富。

在培田古建筑体系中，书院群落是其重要的组成部分。有人把培田的文化概括为“十家一书院，五家一祖祠，三家一店铺，十家一匾额，一人十丈街，楹联诗文书墙柱，文墨之乡名不虚”，可见书院在培田村的地位多么重要。明朝时七世祖吴祖宽创办“石头丘草堂”，自此“开河源十三坊书香之祖”，后经过几代人努力，扩大建筑面积，吸收更多生源，设置广泛而有深度的课程，最终使原本的石头丘草堂变为了著名的“南山书院”。南山书院从顺治七年到乾隆三十年，共培养出191位秀才，其中19人入仕，官至五品者5人，最高者达到三品。明末培田村还开办了“十倍山书院”“云江书院”“紫阳书院”“等天学堂”等众多书院，直至清末发展为文武兼修的教育形式——

培田古民居全景（连城县林业局/供）

文有“南山书院”，武有“般若堂”。培田村还特别注重对女性的教育，“容膝居”和“修竹楼”就是女子学习之处，“容膝居”是三朝宗族妇女学校，在此女子不但可以学习文化，而且“可谈风月”，在当时已经是一种极大的进步。

培田容膝居（沈文生 / 摄）

典型的九厅十八井

培田大夫第（沈文生 / 摄）

“九厅十八井”是传统的客家民居，与土楼和围屋一起并称为客家民居的三大典型代表。这种建筑是客家人结合北方庭院建筑，为了适应南方多雨潮湿的气候及自然地理特征，采用中轴线对称布局，厅与庭院相结合而构建的。九厅十八井的厅、井布局科学合理，各厅各有功用。上厅供祭祀、族长议事，中厅接官议政，偏厅接客会友，楼厅藏书课子，厢房横屋起居炊沐，家族聚居，集政、经、居、教于一体。在这种建筑形式中，九和十八只是虚词，很多民居都有超过九厅十八井的格局。

培田古民居建筑群由30余幢堂华屋、21座古祠、6个古书院、2座跨街牌坊、4座庵庙道观和一条千米古街组成，其中的“大夫第”“衍庆堂”“官厅”均属九厅十八井结构。大夫第建于1829年，历时11年完工。厅高堂阔，可宴请120张桌客。设计构思秉承“先后有序，主次有别”的传统观念，不仅满足当代人的居住功能，甚至连同子孙的发展都纳入规划之中。“大夫第”挑梁式梁栓结构以其“墙倒屋不塌”特点被中外专家称为世界一流的防震建筑。“衍庆堂”为明代建筑，其建筑结构与“大夫第”大体相同，但门外荷塘曲径，门前一对石狮威镇，与北京四合院门前设置相差无异，体现了对传统中原文化的传承。总体来看，培田村古民居建筑，做工精美、造型极富艺术性，民居布局舒适，并考虑到官商用途。室内装饰以宣传儒家道德思想的书画为主，体现出极强的客家耕读文化精神。

沿着武夷山国家森林步道，沿途观赏秀山丽水，感受客家先民的生活痕迹，实在是身体与心灵的享受。

（文 / 王　珂）

五、格氏栲林之最，海峡两岸渊源——三元国家森林公园

福建三元国家森林公园位于三明市境内，总面积4572.5公顷。公园内分布着世界上面积最大的纯格氏栲天然林，遗存着华南发现最早的旧石器时代洞穴居住遗址——万寿岩遗址。

世界上面积最大的纯格氏栲天然林

格氏栲是中亚热带南缘特有的常绿阔叶乔木，为第三纪孑遗植物，仅在福建、台湾、江西、广东、广西等地分布，多零星生长在海拔200～1000米的丘陵地的常绿林中，唯福建三元国家森林公园成片生长，面积达700公顷，多由百年以上的大树组成，是全世界独一无二的大面积、高纯度的格氏栲天然林。对其起源调查分析表明，三元格氏栲天然林是在荒废毛竹林、油茶地和抛荒地经天然下种形成的，初始发展时间估计在1796—1823年，经过约30年生长才大量开花结实，至1839年左右形成成片格氏栲林。

走近三元国家森林公园，高大的格氏栲树映入眼帘，左边石崖上镌刻着大红

三元国家森林公园拥有世界面积最大的格氏栲林（黄　海／摄）

的“格氏栲林”4个大字。园内格氏栲个体形态独特，冠幅十分庞大，树形优美通直。春来，栲花绽放，无数缤纷的白花覆满树冠，如北国寒冬，银装素裹；夏临，林木参天，鸟语花香，在“天然氧吧”中呼吸，犹如步入世外陶源；秋至，烟凝山紫，层林尽染，野果遍地，如同童话世界；冬到，素有“小板栗”美称的栲果挂满树枝，触手可得，美味可口。500多年历史的格氏栲王，胸径1.4米，树高达30多米，凭借着顽强的生命力，历经百年，风采依旧。张廷发同志考察后题词：“格氏栲林、世界之最”。

海峡两岸远古家园

沿森林步道来到岩前村西北，空旷的平地之间，一座金字塔形状的孤峰傲然耸立，这便是万寿岩了。宋代文人邓肃在此留下了“群山透逸不能高，兀独摩霄汉碧”的诗句。万寿岩遗址是第五批全国重点文物保护单位，属中国南方典型的洞穴类型旧石器时代遗址，为上石炭纪船山组灰岩构成，由灵峰洞、龙津洞和船帆洞遗址等组成，时间长、跨度大，洞穴形态完整，周围环境良好，保存了大量远古人类生活重要信息。万寿岩旧石器时代遗址的发现，把古人类在福建生活的历史提前到18.5万年前，填补了福建省考古学年代上的一段空白，也是华南发现最早的旧石器时代洞穴居住遗址。船帆洞发现的人工石铺地面，属全国首次，世界罕见，被誉为“人类最早的建筑”。万寿岩遗址出土的石器的制作方法、生活形态与台湾岛发现的同类石器极为相似，且早于台湾岛，印证了海峡两岸史前文化的渊源关系，是海峡两岸的远古家园。

为了让遗址“活起来”，三明市在万寿岩遗址保护范围外围，兴建了福建省唯一的旧石器遗址专题博物馆——万寿岩遗址博物馆，全方位展示万寿岩遗址古地理、古环境风貌和古人类生产生活等场景。2017年，万寿岩考古遗址入选为国家考古遗址公园。

沿武夷山国家森林步道，漫步在绿阴如盖的栲树天然林中，感受着最具蓬勃生机的绿色在百年的老树间绽放，追寻着远古时代人类披荆斩棘、繁衍后代和传承文化的漫长历程，探秘海峡两岸一脉相承的渊源关系，将深刻领会“源远者流长，根深者枝茂”的内涵。

（文／李兵兵）

格氏栲王（三明市林业局／供）

六、闽江源，秀起东南第一巅

闽江源国家级自然保护区和闽江源国家森林公园地处武夷山国家森林步道中段，系福建母亲河千里闽江正源头发祥地，区内金饶山海拔1858米，在我国东南地区仅次于台湾玉山和武夷山主峰黄岗山，素有“秀起东南第一巅”之美称。

寻找闽江源

八闽第一峰（三明市林业局/供）

闽江是福建省的第一大江，也是福建省最大的水系。闽江流域是闽越族人的世居地，上游的三明、南平是客家人的祖地。闽越人及客家人依江而居，创造了丰富的历史文化。1991年和1992年，考察队两次对闽江江源进行考察，确定均口村的张家山村民组为正源头。沿着武夷山国家森林步道，走进张家山村，一路追寻闽江源。沿山间小道攀登严峰山，在半山腰可见一堵天然石壁上赫然镌刻着“闽江源”3个大字，但却不见流水。原来当时考察时无法立碑，就把“闽江源”刻在这块离泉眼不远的天然石壁上。沿着小道继续上攀，小道边汩汩而出的流水就来自闽江源，顺着来水的方向，一路上山，穿过层层绿色，走过一处田埂，可见淙淙流泉从石缝中流出，在山涧汇成一汪清澈的池水，在阳光下闪耀着熠熠的光辉，千里闽江就从这里起源。滴水之聚可成江河，这平和温柔的池水和很多大江大河的源头一样，看起来毫不起眼，它穿越崇山峻岭，一路融合和汇聚了难以计数的溪流，终成宏丽博大的千里闽江，养育着无数八闽儿女。

秀起东南第一巅

金铙山原名大历山，又名太弋山，绵亘300余里，共有84峰，峰峰险峻，主峰白石顶把山分为东西二麓，东麓多为悬崖绝壁，西麓多为奇峰峻岭，有“八闽第一峰”之称。登此山可赏云海奇观、金铙晴雪、雌雄双瀑、杜鹃花海、高山草场等自然奇景。主峰白石顶可眺望建宁、泰宁、宁化、明溪等闽赣9个县。在这里看群山，就像大海中的波涛一浪一浪起伏不平，一个个绿色的山峰连绵不绝；在这里看日出更是一绝，当东方渐露鱼肚时，一轮红日喷薄而出，跃出地平线，放射万道光芒，整个大地顿时沐浴在一片金华之中，洋洋大观，令人陶醉。徐霞客云游此山时赞之：“武夷胜景甲天下，金铙东南第一窥。”

千年古刹报国寺位于金铙山半山腰，四周峰峦叠嶂、林木葱郁，始建于后梁龙德元年（921年），建筑结构独特新颖，气势雄浑壮观，檐柱走廊均系精雕细刻，古色古香，是少有的古代宫殿式建筑，李杜诗云：“金铙古寺何崔巍，琼宫宝阙悬苍崖”。山因古寺而添色，寺因名山而增辉。金铙山因有报国寺而增加了不少人文价值和历史的厚重感。

武夷山中段特有生物家园

南方红豆杉古树（福建省林业厅/供）

闽江源自然保护区主要保护对象为武夷山脉中段重要的生物区系组分、独特的生物群落类型和闽江正源头森林植被。区内潜藏着南方红豆杉群落、钟萼木群落、雷公鹅耳枥群落、福建山樱花群落、深山含笑群落、香果树群落和浙江红山茶群落七大武夷山脉中段特有的生物群落，种群外貌整齐、结构合理，林内物种丰富，自然更新良好。其中，一株南方红豆杉树龄达800年，3人方可合抱。完好的森林植被使保护区成为野生动物的天堂，云豹、豹、黄腹角雉、猕猴等多种国家重点保护野生动物在此繁衍生息。

（文/李兵兵）

七、丹霞翡翠，杉城泰宁

泰宁位于武夷山国家森林步道中段，徒步者行走至泰宁就会看到与其他地方不同的丹霞景观——水上丹霞，在水上观赏丹霞也是别有一番滋味。泰宁又被称为“杉城”，足见泰宁杉树遍布，植被茂盛。除了优美的自然风光，泰宁深厚的人文积淀对徒步者也具有十足的吸引力。

年轻的水上丹霞

2010年，泰宁丹霞与我国其他5个地区的丹霞一起被列入《世界遗产名录》，成为“中国丹霞”的典型代表。泰宁丹霞以其“最密集的网状谷地、最发育的崖壁洞穴、最完好的古夷平面、最丰富的岩穴文化、最宏大的水上丹霞”等特色在“中国丹霞”项目中处于不可替代的地位。泰宁丹霞是中国亚热带湿润区青年期低海拔山原—峡谷型丹霞的唯一代表，是中国丹霞从青年期—壮年—老年期地貌演化过程中不可或缺的重要一环，因此

金湖神韵（吴赞贺/摄）

被国内外地学界称为“中国丹霞故事开始的地方”。其实泰宁丹霞最大的吸引力不仅仅是因为它的年轻，更重要的是泰宁丹霞与各类水体资源湖、溪、潭、瀑完美结合，形成山环水绕、绿水丹崖，呈现出一种清秀的美，也是我国较为罕见的“水上丹霞”景观。

传承世代的耕读文化

耕读文化思想是我国传统的儒家文化，可以追溯到春秋战国时期。历史上，读过书的农庄主、较富裕的自耕农、隐士等知识分子是耕读文化的主要创造者，他们以耕读为荣，以隐逸为目的，对古代中国的农学，科学以及哲学等学科发展产生了积极作用。

泰宁因自身独特的地质地貌和地理位置，成为了历史上著名的耕读之地。宋代理学大家杨时、朱熹和抗金名将李纲都曾先后在泰宁的丹霞岩穴或避祸隐居或前行治学、讲学，为雄奇俊美的丹霞所流连所感叹。他们在为这方山水留下珍贵历史遗迹的同时，也成为泰宁耕读文化的开拓者和传承者。泰宁城南郊的小均村，有“考亭琴涧”之誉，朱熹曾亲手建筑书舍隐居数年，为的是躲避“党禁”时间的迫害。抗金名将李纲与泰宁有着不解之缘。在宋建炎四年（1130年）来泰宁丹霞岩时曾感叹“泰宁山水，冠于诸邑”。李纲在泰宁著书立说，还在这里为后世留下了摩崖石刻“李忠定公读书处”遗址。

金湖西岸甘露寺——左钟右鼓，妙在其中（陈金宝 / 摄）

上清溪落霞壁（吴赞贺 / 摄）

学风鼎盛，福地宝城

《泰宁县志》统计的宋代进士共23名。公元10世纪，在社会安定环境下的泰宁竟然出现了“隔河两状元，一门四进士，一巷九举人”的科举盛况。这两个状元，一个是宋熙宁三年的叶祖洽，一个是宋庆元二年的邹应龙。前者在他的《诏改泰宁县记》中描述了当日泰宁学风人文的鼎盛“今其县比屋连墙，玄诵之声相闻”。宋元祐元年（1086年），叶祖洽状元奏请朝廷更改县名，宋哲宗将山东曲阜孔子阙里府号“泰宁”赐为县名，寓“泰平、安宁”之意，从此这个县名沿用至今。

叶祖洽入仕前在道峰山龙泉岩饱读经纶，邹应龙负笈状元岩深山苦读。由于有叶邹的榜样，后世泰宁的一大批仕人才子不辞辛劳走进深山，寻找岩穴苦读经书，这种“丹霞情节”一直影响了后代学子。如今状元岩是泰宁著名的旅游景点之一。作为一代名臣邹应龙的读书处，状元岩的山山水水打上了儒家文化深深的印记，被后人视为教育子弟努力求学的圣地。

神奇的泰宁岩穴

泰宁丹霞洞穴十分发育，大型单体洞穴60多处，壁龛状洞穴群100多处，堪称“丹霞洞穴博物馆”。大型丹霞岩穴为人们各种开发利用提供的活动空间，同时也记录了泰宁历史的变迁。泰宁的道家、释家和儒家都与丹霞岩穴有着密不可分的关系。道家视丹霞岩穴为洞天福地，福建客家人正是伴随着道教传入福建而流入；释家视丹霞岩穴为灵山佛国，并形成了独具特色的岩寺文化，其代表是被称为“南方悬空寺”的甘露寺；儒家视丹霞岩穴为世外桃源，与世隔绝的幽静山林更是大儒们躲避纷扰的佳境。

岩穴文化渗透在泰宁百姓生活的方方面面，体现了泰宁人贴近自然的生活方式和审美情趣。除了学子们在深山岩穴苦读经纶外，在岩穴中藏棺的民俗也是当地一大特色。据说张地村紫云岩，就有一批数量可观的藏棺。相传张家祖先在此发家时，生的儿子不断夭折，经高人指点后，张氏将棺材放到紫云岩的岩穴内。果然，此后生的男孩都顺利长大成人。从此，村里男婴一出生，家人就备寿棺放入洞穴中藏匿，称之为“寿材”。

保存完好的古城

泰宁城曾是汉唐故地，但唐代以前的建筑并没有保存下来，究其原因主要是有3条溪水穿城而过，遇到丰水年份，洪水决垣入城，房屋建筑受洪水冲击而坍塌。明嘉靖三十年重新修筑城垣，因此泰宁古城保留下的建筑物基本是明代修建的。在泰宁县城关，有一座明代民居建筑真品、全国重点文物保护单位——尚书第建筑群，除此之外还保留有明朝早期到清朝晚期500多年中各时期的建筑物，是我国江南地区保存最完好的明代民居群。

尚书第鸟瞰图（陈金宝 / 摄）

永恒的红色记忆

泰宁地势险要，具有十分重要的战略地位，是中央苏区东北方向的重要屏障、福建苏区与闽赣苏区的主要通道。泰宁苏区的建立，使得闽西北、闽中和赣东北根据地连成一片，推进了中央苏区的巩固和发展。随着东方军入闽作战、挥师北上，中央苏区的版图向东北方向扩展数百公里，泰宁苏区也从苏区东线敌我双方拉锯争夺的前沿阵地变为战略后方，经济逐步繁荣发展。1933年9月下旬，国民党军开始第五次“围剿”，10月下旬，红军总部撤离泰宁。在国民党军队进攻泰宁期间，泰宁苏区人民积极支援革命战争，主动节衣缩食，筹集了大批粮食、干菜，补给红军，搞好坚壁清野等紧急战备工作。组织成立担架队、运输队、看护队、洗衣队等战地服务队伍，为支援前线、保卫苏区做出了重大的贡献。

走上武夷山国家森林步道，走进泰宁，欣赏绿色背景下的水上丹霞，再感受留存千古的儒家文化，同时还能体会到革命先烈的英勇伟大，确实是一段难忘的经历。

（文 / 王　珂）

八、武夷山的那些事儿

武夷山素有“道南理窟”之称。作为一座理学名山，可谓是山以人名，人以文名，其中存留了丰厚的理学文化遗址、遗存、遗迹，以及深受理学文化浸润的人文环境。千百年来，这里吸引了无数后人纷纷前来访古探奇、寻贤问理。

吾道南矣与道南理窟

武夷山晚对峰上有一处引人注目的摩崖石刻：“道南理窟”。4个擘窠大字每字两米见方，苍郁古雅，内涵深奥，为清乾隆年间，福建陆路提督总兵官马负书撰书。而它的起源却要追溯到北宋时期。当时，北宋理学奠基人程颢有两位得意门生杨时和游酢，程颢在家乡河南颍川送别他们学成南归福建时说：“吾道南矣！”意即：“我的理学造诣和成果从此可以向南方传播了！”杨时、游酢后来讲学著述于武夷，将中

摩崖石刻（衷柏夷／摄）

程门立雪

“程门立雪”这个成语家喻户晓。出自宋代著名理学家、福建将乐县人杨时求学的故事。有一天，杨时与他的学友游酢，因对某问题看法不同，为了求得一个正解，他俩一起去老师家请教。来到程颐家时，适逢先生坐在炉旁打坐养神。杨时二人不敢惊动打扰老师，就恭恭敬敬侍立在门外。适逢隆冬雪天，程颐一觉醒来，从窗口发现二人通身披雪，脚下的积雪已一尺多厚了。

原的濂学、关学、洛学这些理学精粹传播到华南地区。自此，理学一派在武夷一带植根繁衍，逐渐成为“理窟”之地，意即理学荟萃之宝地。历代著名的理学家接踵而来，藏修著述，满载而归，播扬硕果。特别是理学的集大成者朱熹在武夷山生活达50年之久，他的师友门徒在理学研究上独树一帜，号称“闽学”。朱子理学在中国宋代至清代（13世纪至20世纪）700余年间一直处于统治地位的思想理论，代表具有普遍意义的传统民族精神，影响远及东亚和欧美诸国，成为东亚文明的体现。

四书五经与武夷书院

1183年，朱熹在武夷山的隐屏峰下开办武夷精舍，就是后来的武夷书院，又称紫阳书院。精舍建成后，朱熹即在此讲学、开展学术活动。当时，四方学者纷至沓来，朱熹学派的中坚人物都聚集于此。也是在这一时期他的理学思想走向了成熟，从而形成了具有影响力的学派。他在这里潜心研究，提出了“四书”比“五经”更适合作为儒家思想代表著作的观点，并用极大的精力为“四书”做注释，由此构筑儒家完整而精致的理论体系。元皇庆二年，皇帝诏令以“四书”为国家考试的主课，以“朱注”为官方解释，

武夷书院（阮雪清/摄）

凡是希望通过科举考试改变命运的士子都必须遵照朱注来解“四书”，直到清光绪三十一年（1905年）止。

四书五经

在朱熹之前，“五经”——《诗经》《尚书》《礼记》《易经》及《春秋》被认为是思想学术权威著作。但朱熹认为，随着时代的发展，“五经”已不能准确代表儒家思想。他将《论语》《孟子》以及《礼记》中的二篇短文《大学》《中庸》这4部书编在一起，认为它们表达了儒学的基本思想体系，是研治儒学最重要的文献。因为这4本书分别出于早期儒家的4位代表性人物孔子、孟子、曾参、子思，所以称为“四子书”，简称即为“四书”。

受朱熹影响，他的学子和后人，也相继在武夷山周围择地建室，读书讲学以“继志传道”为已任，仅宋元间在武夷山创立书院的著名学者就有43位。

穷游尽理与动静山水

在五曲建武夷精舍后，讲学论道之余，朱熹更是尽得山水之乐——“以学行其乡，善其徒”，意为用自己的学问在这一带讲学，教育门生弟子，形成幔亭之风（幔亭代指福建武夷山）。

朱熹寓学、寓教于游，让学生亲近自然，把徒步旅行当作求知的课堂。在《武夷图序》一文中，就记录了一则朱熹穷游尽理的故事。世人皆传悬棺为天上仙人葬骨之处，而朱熹在对“悬棺”绝壁实地踏察后，则大胆指出“旧记相传诡妄，不足考信”，推测悬棺葬的形成是由于“道阻未通、川雍未决时，夷落（少数民族部落）所居”。这也是历史上第一次有人对悬棺现象进行了比较科学的解释。

朱熹认为世上万物皆有其理，在游历观赏山水动静中领略玄趣，从而达到格物致知、物我相通、天人合一的精神境界，可谓因游及理，因景言理。

三纲五常与古代民居

理学对武夷山的民风民俗，甚至建筑风格都产生了直接而深刻的影响。下梅村位于武

下梅当溪（丁李青 / 摄）

夷山市东部。现仍保留具有清代建筑特色的古民居30多幢。这些集砖雕、石雕、木雕艺术于一体的古民居建筑群，与村落中的祠堂、古井、老街、旧巷交融出古村落独特的魅力，

下梅邹家祠堂（刘达友 / 摄）

下梅村古民居建筑布局属于典型的天井院落制式。布局按照“前公后私”“前下后上”“正高侧低”的原则，形成上与下、正与偏、主与从、长与幼等差别，这些差别蕴含了三纲五常、中正有序的建筑伦理特征。一进大厅，厅堂放置祖先的牌位，并作待客之地，厢房为奴仆、家丁的住房。二进、三进为宅主人居所，晚辈按左尊右卑的次序安排在两侧厢房中。如“大夫第”建筑群是邹氏4兄弟的宅第，为四纵三厅四进建筑群。每纵建筑从东至西依次往后退3～6米，形成“凸”字形布局。虽邹家二子邹茂章官居四品，然其宅院同样后退其兄长宅第。“大夫第”建筑群设计深度体现了长幼有序、兄穆弟恭、存忠孝心的伦理文化。

三纲五常

三纲五常（纲常）是中国儒家伦理文化中的重要思想。儒教通过三纲五常的教化来维护社会的伦理道德、政治制度，在漫长的封建社会中起到了极为重要的作用。三纲即：君为臣纲，父为子纲，夫为妻纲。五常为仁、义、礼、智、信。

“朝登南极道，暮宿临太行。睥睨即万里，超忽凌八荒”。朱子提倡人们徒步旅行，奉劝世人不要裹足不前，终日独守空堂。在徒步中发现新的事物，领会新的见解。那些静静矗立地古村落、古石刻都是比书本更为真切的历史人文瑰宝。

（文 / 张兆晖）

九、厉害了！我的武夷山国家公园

提到国家公园，大多数人可能想到的都是黄石国家公园、班夫国家公园这些别人家的国家公园。对可以随时领略国家公园美景的外国徒步者，除了羡慕还是羡慕。但是，再也不用艳羡别人了，2017年9月26号，我国公布了10处国家公园体制试点。“国家公园是众多自然保护地类型中的精华，是国家最珍贵的自然瑰宝。”世界自然保护联盟驻华首席代表朱春全无不激动地说。

美翻了！我的武夷山

武夷山国家公园就是“瑰宝”之一，目前试点范围包括武夷山国家级自然保护区、武夷山国家级风景名胜区和九曲溪上游保护地带等。这里是全球生物多样性保护的关键地区，保存了地球同纬度最完整、最典型、面积最大的中亚热带原生性森林生态系统，也是珍稀、特有野生动物的基因库。可谓世间少有的盛世美景！

武夷山拥有世界同纬度带保存最完整的亚热带原生性森林生态系统（黄　海／摄）

尽管武夷山国家公园对自然生态系统实行了比以往更为严格的整体保护和系统保护，但它坚持全民共享，在生态修复区内，徒步者可以参加自然生态教育和遗产价值展示活动，有更多的机会亲近、体验、了解自然。在这里，除了满眼丹山碧水的瑰丽景色，心中更是激荡着自然保护的责任感，以及满满的民族自豪感。武夷山美，来武夷山的人更美！

点赞了！我的申遗功臣

武夷山主峰黄岗山有一半在福建境内，其生态系统完好，物种极其丰富，曾经为福建武夷山申报自然与文化遗产立了大功。1999年3月31，在申遗的关键时期，自然保护区迎来了一位特殊的客人，他就是联合国教科文组织世界遗产委员会委派的专家莱斯利·莫洛伊。为了亲身考证武夷山物种资源情况，他和工作人员一道，对武夷山主峰黄岗山进行了踏查。尽管徒步路线并不长，莫洛伊先生却频频惊喜于沿途的发现，流连于此6个多小时，不愿离开。随后，经过比较论证，这位见多识广的专家认为“武夷山的物种资源超过了中国已批准的世界遗产地”“武夷山是全球生物多样性保护的关键地区”，这为武夷山后来顺利成为世界双遗产增加了重要砝码。

“双世遗”

依据世界遗产公约之主旨，世界文化与自然双重遗产（“双世遗”），又名复合遗产，是指兼具自然与文化之美的代表，迄2017年7月25日，全世界仅有35项。中国占据了其中的4项，分别为黄山、泰山、峨眉山—乐山大佛、武夷山。

晋升“双世遗”后，福建武夷山一跃变成世界级的旅游胜地，每年有大量游客涌入保护区参观。尽管给保护区带来了可观的经济效益和巨大的知名度，但是生态承载力负荷过重。于是在2009年6月，福建武夷山保护区作出了“不再销售旅游门票，停止开展大众旅游”的决定。真该为当初保护管理部门的英明决定点赞，这为我们今天建立武夷山国家公园奠定了完好的生态基础。

黄岗山山巅日出（吴心正 / 摄）

膜拜了！我的模式标本天堂

金斑啄凤蝶（吴心正 / 摄）

康熙三十七年（1698年），英国人首先进入武夷山腹地采集植物标本，此后西方生物学家和传教士纷至沓来，在这里海拔1000多米的几个小村庄附近，相继发现了大批动植物新种。自19世纪中叶之后的100多年，这里发现的动植物模式标本近1000种。其中，被外国人采集的生物标本就多达百万号。至今，仍有大量模式标本保存在巴黎、伦敦、纽约、柏林等地的著名博物馆内。武夷山也因其丰富的生物多样性，被

模式标本

模式标本即作为规定的典型标本，在确定及发表某一群生物的学名时，应指出此学名的特征与作为分类概念标准的模式标本，但并不一定限于此群的典型代表。以前人们并未重视“典型”这个观念，因此造成许多标本未能保存下来。

绵延千里的武夷山大峡谷（黄　海 / 摄）

世界生物学界认为是“研究亚洲两栖爬行动物的钥匙”“昆虫的世界”“世界生物之窗”，从此成为世界著名的模式标本产地。

随着我国学术的发展和人们认识水平的提高，国人终于意识到这个罕见的物种基因库的价值。武夷山于1979年终于被设立为自然保护区。2017年，这里又成为了武夷山国家公园的特别保护区和严格控制区。今天，普通徒步者很难有机会深入模式标本产地。但是，却可以在国家公园的博物馆里，将武夷山珍奇动植物的风采一网打尽，顶礼膜拜前人的考察成果。

解惑了！我的物种丰富之谜

武夷山在世界动物科考史上是一个神奇的地方。尽管这里在地理划分上地处东洋界，但却杂有大量古北界系种，是个物种大融汇的地方。这里众多的山峰和峡谷构成非常复杂的地形。跨赣、闽两省交界处的武夷山主脉，海拔多在2000米以上，形成一个天然的气候屏障，在冬季阻挡了来自北方的冷空气，在夏季则保存了大量温暖湿润的海洋气团。这里年平均降水量在2000毫米以上，年平均气温约12℃～13℃，使这里发育着同纬度面积最大的中亚热带原始森林，森林覆盖率达95%。同时，这里又是北极植物区和古热带植物区的交汇处。加之不同的高度有不同的气候类型，孕育了多样地的小生境，为孑遗物种提供了天然避难所，令它们躲过第四纪冰川。至今，中外生物学研究者仍在武夷山这片大森林里徒步考察，渴望能重新找回以往“已消失的”物种，希望它们仍然生活在这个“避难所里”，只是还没有被发现。

古北界和东洋界

中国陆地动物区划分属于世界动物地理分区的古北界与东洋界。两界在我国境内的分界线西起横断山脉北部，经过川北的岷山与陕南的秦岭，向东至淮河南岸，直抵长江口以北。

古北界受冰期影响，大面积地区变得寒冷和干旱，自然条件非常恶劣，动物种类也相对贫乏。东洋界地处热带、亚热带，气候温热潮湿，植被极其茂盛，动物种类繁多。

（文 / 张兆晖）

十、乌龙茶的始祖——武夷岩茶

武夷岩茶是中国传统名茶，因“岩岩有茶，非岩不茶”而得名，是具有岩骨花香品质特征的乌龙茶，被很多人认为是乌龙茶的始祖。来到福建小武夷山，徒步者们怎能不去一探岩茶的奥妙呢？

乌龙茶

乌龙茶为中国特有的茶类，亦称青茶、半发酵茶及全发酵茶，兼具有绿茶之清香，红茶之甘醇，主要产于福建的闽北、闽南及广东、台湾。四川、湖南等省也有少量生产。乌龙茶除了内销广东、福建等省外，主要销往日本、东南亚和我国港、澳地区。

茶盏中的“水丹青”

“水丹青”，亦称“分茶”“茶百戏”“汤戏”“茶戏”等，是一种技艺高超的古茶道。它始见于唐代，流行于宋代，帝王与庶民都玩，玩时“碾茶为末，注之以汤，以筅击拂”，使茶乳变幻成图形或字迹。它不同于咖啡拉花，要用两种不同性质的原料（即咖啡和牛奶）相互叠加形成各种的图案，“水丹青”是仅用茶汤，通过注汤或茶勺搅拌就能使茶乳变幻形成图案的独特技艺。

古王坑茶园（刘达友 / 摄）

到了宋代以后，由于茶类

武夷红茶（黄　海/摄）

改制，龙凤团饼已被炒青散茶所替代，因而，茶的饮用方法也随之而改，沏茶用的点茶法被直接用沸水冲泡茶叶的泡茶法所替代。在这种情况下，宋代时兴的分茶游戏，到了元、明、清，就逐渐衰弱，直至失传。

但值得庆幸的是，经武夷山茶艺爱好者章志峰多年研究，终于在2009年恢复了“水丹青”这一古老而珍贵的技艺。目前章志峰已突破了古代仅能用绿茶演示的局限，还可以用红茶、黄茶、乌龙茶、白茶、黑茶等其他茶类演示分茶，表现的内容从当初的文字和简单的图像发展到国画风格的山水花鸟等各种图案，图案保留的时间也从古代的瞬间延长到2～6小时。

失窃的国宝——武夷茶

武夷山最初被西方人所认知，并不是因为那里绮丽秀美的风光，也不是因为那里种类繁多的动植物，而是因为那里出产中国重要的出口商品武夷茶。因此，近代西方人以武夷茶的名字Bohea为武夷山命名。不过，Bohea指的是小武夷山，也就是现在的武夷山风景区，因为那里的九曲溪两岸是著名的红茶产区，该地区所产的“小种红茶”和“白毫”声名远播。

可惜，盛名所累。在19世纪中叶，这里吸引了一位不速之客——园艺学家罗伯特·福钧，他受雇于臭名昭著的英国东印度公司，前来盗取中国茶叶5000多年的秘密，企图打破中国在国际茶叶贸易中的垄断地位。为了收集最好的茶种，这位“植物间谍”于1849年5月，亲自乔装打扮进入福建境内，先在红茶产区外围进行了一番考察，然后经崇安西侧，来到久负盛名的“武夷茶”产地——九曲溪畔。他在那里采集了优质茶树苗和茶籽，调查了茶叶的种植、制作、包装加工等资料，而后将它们辗转运送到印度。

正山小种红茶采自海拔1000多米高山上小种茶的茶青（崔建楠 / 摄）

依法炮制，在这之后的6年间，福钧又先后到浙江绿茶产区和福建

花茶产区大肆进行间谍活动，并逐渐在印度的喜马拉雅山区构建了一个完整的制茶产业。印度茶产业因为与英帝国先进的工业技术及管理制度相结合，使得茶叶生产成本大幅下降，同时品质也不差。最终让中国茶叶出口业几乎面临灭顶之灾，从1873年至1920年，在世界茶叶贸易中的份额从92%一路跌至6%。

今天徒步者走在九曲溪畔的国家步道上，欣赏着群翠环山的茶园之余，也难免会为“国宝”的失窃而扼腕叹息。停下来，浅啜一口香茗，品出的是千年古文化，民族复兴史。

（文 / 张兆晖）

非遗传承人梁骏德在制作红茶（黄　海 / 摄）

十一、令徐霞客难以忘怀的武夷丹霞

徐霞客对福建丹霞风景情有独钟，在31～48岁的18年中，他的入闽之旅多达5次，同福建省的丹霞地貌景观结下了不解之缘。以至于他在后来游览其他相似景观时，也常常回味起他当年考察武夷山的往事。在《江右游日记》中他就曾感叹道“南望鹅峰（位于江西铅山县），峭削天际，此昔余假道分水关而趋幔亭（代指武夷山）之处，转盼已二十年矣。人寿几何，江山如昨，能不令人有秉烛之思耶”。徐霞客20载难忘武夷胜景，足见这一方山水的绝美动人。

资深“背包客”——徐霞客

徐霞客，明代地理学家、旅行家和文学家。他的出游生活从22岁开始，直到他去世的前一年为止，前后30多年，其足迹遍布大半个中国，即相当于现在的21个省份，“达人所之未达，探人所之未知”，撰成60万字古代地理学鸿篇巨著《徐霞客游记》，徐霞客被称为“千古奇人”。《徐霞客游记》开篇之日（5月19日）被定为中国旅游日。

一本关于丹霞的日记

第一次入闽，徐霞客选择了“奇秀甲于东南”的武夷山，万历四十四年（1616年）初春，31岁的徐霞客旅行考察了皖南的齐云山和黄山之后，于二月十一日乘兴由新安江下行，经浙江兰溪西进至浙江江山县城，此后水陆兼行经江西玉山、广信（今上饶）、铅山，越过赣闽间的分水关，于二月二十一日到达闽北重镇崇安（今武夷山市）。并留下了我国丹霞地貌考察史上最有价值的《游武夷山日记》，达3500余字，是徐霞客所撰写的诸多名山游记中最长篇，可见武夷山在作者心目中的分量之重。不得不说，这篇日记也是一篇价值含金量极高的步道攻略，古往今来，不知道有多少人

被日记中描述的碧水丹山所吸引，追随着徐霞客的脚步，踏访武夷美景。同样它也为今天行走在武夷山国家森林步道上的徒步者提供了线路、节点及观景点等参考。

丹霞颜色不那么简单

到达崇安的第一日，徐霞客就迫不及待地游览了“水有三三胜，峰有六六奇”的九曲溪。游至茶洞时，已是黄昏时分，余晖未尽，斜阳脉脉，站立峰台上，尽览九曲之胜，远近峰峦层层叠叠，映出青色、紫色万千光芒。于是徐霞客记录下了“远近峰峦，青紫万状”的美景。

丹霞地貌之所以产生这种多彩的变化，是由于砂砾岩经过强烈氧化，富集红色的氧化铁使岩体呈现红色。由于富集程度的差别，而深浅不同。另外，在粗糙质地的砂砾岩中，还含有一些薄层粉砂岩和泥岩夹层，也增加了砂砾岩的自然纹理。南方多雨温暖，岩石表面容易附着黑褐色或黑灰色的藻类，形成油亮的黑色条带。而地衣和苔藓则在局部点染上白色（或浅灰绿色）和绿色（有些秋季变黄）。多彩丹霞倒映在盈盈碧水中，雄秀兼备，成为我国最负盛名的临水型丹霞地貌之一。

九曲溪（吴心正 / 摄）

丹霞地貌

丹霞地貌指红色厚层砂岩、砂砾岩、砾岩所成的峰林地貌。在国际地学界上，这种地貌被称作“红层”，而我国学者赋予了其更诗意的名字——“丹霞”，完美地概括了这一地貌“色如渥丹，灿若明霞”的特征。“丹霞”一词源自曹丕的《芙蓉池作诗》，“丹霞夹明月，华星出云间”，指天上的彩霞。

绝壁变成晒布场

同日，徐霞客还游览了武夷山著名的仙掌岩，并在《游武夷山日记中》描述到“岩壁屹立雄展，中有斑痕如人掌，长盈丈者数十行”。这些“斑痕”是由雨水侵蚀形成的平行小岩沟，两细沟间的崖壁如紫红色绸缎，远观崖壁犹如无数匹紫红色绸缎自崖顶飘然垂下，故在福建武夷山这种地貌被称为“晒布岩”。武夷山的“晒布岩”石群是国内最为典型、规模最大的。

仙掌峰（丁李青 / 摄）

如若当年徐先生赶上雨天，他将看到更为灵动的景象，雨水从岩顶顺着直溜溜的轨迹飞泻直下，仿佛素练悬而未决天，万千银龙飞舞，堪称奇景。在他的游记里恐怕要补上这绝妙的一笔了。

岩石上的御茶园

游武夷山的第二日，徐霞客想寻找“一线天”，却在大藏峰、小藏峰一带迷了路，意外发现这里峭壁高耸，沙石或壅塞或崩塌，当地人在上面种植了许多茶树，很是有趣。

这些生长于丹霞岩层上的武夷岩茶，俗称大红袍，是茶中精品。其中品质最好

御茶园之夏（郑友裕 / 摄）

的大红袍莫属贡茶不可。四曲溪南的“御茶园”，为元代官府督制贡茶处，至嘉靖三十六年（1557）罢废，拥有256年的贡茶历史。

而神奇的育茶岩石实际上是细腻的岩屑。因砂岩脆性明显，易于破碎，在构造力作用下，崩塌堆积于崖麓的岩块，形成堆积物较松散的崖麓缓坡，有利于植物生长，于是便有了这“丹崖赤壁”的“绿群”。

千年悬棺之谜

武夷山的船棺是全国已发现年代最久远的悬棺葬，其中以三曲的小王峰和四曲的大王峰最为集中，该地区的悬棺葬自古就为人所重视，留下了很多的记载。徐霞客就曾写道：“大藏壁立千仞，崖端穴数孔，乱插木板如机杼织布机。一小舟斜架穴口木末，号曰‘架壑舟’(《游武夷山日记》)。”这里所指的“船”即悬棺。

那么，这些悬棺或崖葬为什么会集中出现在武夷山呢？其中一个主因就是武夷山的丹霞地貌为悬棺葬提供了良好的建造基础。武夷山的山体分为砂岩硬层（砾岩）与软层（砂、泥岩），通过差别风化、侵蚀和重力崩塌，在绝壁上造成较浅的洞穴。这些洞穴后来就成了古人，特别是先秦越人的天然墓地。丹霞地貌在色彩上也有独特的优势，会将峭壁上的悬棺映衬得更加壮观，给生者以威慑力，达到保护遗骸的目的。

（文 / 张兆晖）

十二、“武夷支柱”在江西

众人皆知福建武夷山，殊不知江西省上饶市铅山县境内也分布有一小片武夷山脉，面积约160平方公里。别看这片区域不大，但却汇聚了武夷山的精华部分。享有“武夷支柱”“华东屋脊”“千峰之首”美誉的武夷山脉主峰——黄岗山就矗立在此。

江西“第一高峰”之争

黄岗山位于我国生物多样性的热点地区和中亚热带中山森林保存完好的交汇地带，属于生物多样性优先保护区中需要最优先保护的区域，1981年即成立了江西武夷山国家级自然保护区。多年来，黄岗山一直处于封闭保护，外人对其了解甚少。再加之它是闽、赣两省界山，最高点位于哪个省不好判断。聪明的福建人先于江西人，早在1990年就在山顶立下了“武夷第一峰”的石碑，这就等于抢先注册了商标。而后知

黄岗山顶（江西省林业厅/供）

后觉的江西人，在7年后只得以“黄岗山”为界碑命名，一不小心就丢了自己的“第一高峰”之称。甚至很久以来人们都误以为江西第一高峰是位于罗霄山脉的南风面（海拔2120.4米）。2008年，国家测绘局公布了黄岗山的海拔高度为2160.8米，确立了其江西第一高峰的地位，更是整个华东（六省一市）地区的最高山峰。

北京时间2017年7月10日 1时10分，以黄岗山为核心资源的江西铅山武夷山成功列入世界文化与自然遗产名录。这也是江西省第一个文化与自然双遗产地，自此江西武夷山名声大噪。

一山六个植被带

黄岗山地势高低悬殊，在面积556.7平方公里的小范围内，最低海拔300米，最高海拔2160.8米，水热变化明显，形成了多达6个森林垂直植被带，这在中国的森林垂直分布中是极为罕见的。

山脚一年四季都是绿色的海洋，分布着常绿阔叶林带以及零散的毛竹林带。当海拔上升到1400～1600米，森林景观最为好看，落叶树比重增加，形成了五彩缤纷的常绿阔叶与落叶阔叶混交林。随着海拔的再度攀升，绿色又逐渐占据了主导地位，黄山松、南方铁杉、柳杉及南方红豆杉等温性树种增多，森林植被类型由常绿阔叶林转为针阔叶混交林带。当到海拔约1900米时，视线豁然开朗，遍布以南方铁杉和黄山松为优势种的针叶林带。继续往上，到了海拔超越2000米处，低矮的常绿和落叶树种构成

黄岗山中山草甸带（黄　海 / 摄）

林冠致密、附生苔藓的中山矮曲林带，宛如童话里的魔幻森林。山顶缓坡，是禾草为主的中山草甸带，好似非洲的稀树草原。从低海拔到高海拔，6个森林植被带界限分明，也体现了气温、降水量、土壤在不同的海拔高度上的垂直带谱，远观尤为震撼。

黄岗“三宝”

黄岗山区域动植物资源丰富，现已查明，江西武夷山国家级自然保护区有野生脊椎动物458种，高等植物2829种。国家重点保护的脊椎动物有50种，濒危植物有21种。其中以黄岗“三宝”最为出名。

第一宝是全世界最神秘的鹿科动物——黑麂，为中国特有物种，国家Ⅰ级重点保护野生动物，列入CITES附录I物种。没有亚种分化，分布范围十分狭小，2011年，江西武夷山国家级自然保护区科研人员在黄岗山顶利用红外相机拍摄到两只成年野生黑麂，这是江西省首次收获的野生黑麂照片。

第二宝是堪称“鸟中大熊猫”的黄腹角雉，为中国特有物种，列为国家I级重点保护野生动物。目前，保护区内黄腹角雉的野生种群数量估计在500~600只，为目前已知的最大、最健康的野生种群。保护区已成为学术界公认的黄腹角雉模式标本产地。中国科学院院士、世界鸡形目鸟类学会会长郑光美先生称赞该保护区是“黄腹角雉乐园”。2009年，中国野生动物保护协会授予该保护区“中国黄腹角雉之乡”称号。

黑麂（江西省林业厅 / 供）

黄腹角雉（江西省林业厅 / 供）

第三宝同样是中国特有物种——南方铁杉，它同时也是国家Ⅲ级保护渐危种，国家重点保护植物。在江西武夷山国家级自然保护区分布面积约400公顷，在国内实属罕见。除此之外，这里还是藏酋猴、苏门羚、毛冠鹿、黑熊和白鹇、勺鸡、白颈长尾

雉等多种国家重点保护野生动物的栖息地，是南方红豆杉、伯乐树等国家重点保护植物的种子基因库。

南方铁杉（江西省林业厅／供）

你所不知道的中国竹纸

武夷山脉南、北麓，盛产毛竹，是铅山连四纸的产地，鼎盛时期有纸槽2000余张。今天行走在黄岗山附近的武夷山国家森林步道上，于草木深处，还常常能发现古代造纸厂的遗址，为徒步者带来连连惊喜。

连四纸是传统文化用纸，比宣纸（始于明代）出现年代更早，它始于中唐，盛于明清，距今已有上千年历史。这种纸质地细嫩绵密，洁白莹辉，防虫耐热，永不变色，有“寿纸千年”之称，即纸的寿命有千年之久。元代以后，我国许多的鸿篇巨著、名贵典籍多采用连四纸印制，许多字画、印谱、拓本也靠它得以传世。明、清时期，文人墨客、书画名家若能得到皇帝御赐的铅山正品连四纸，是莫大的荣誉。2006年，铅山连四纸制作技艺被列入首批国家级非物质文化遗产名录。

不同于宣纸以树木为原材料，连四纸是以毛竹为主要原材料，品质不输于宣纸，

连四纸名字的由来

连四纸之名在元代费著《蜀笺谱》中有明确表述："凡纸皆有连二连三连四笺"，连二连三连四是使用抄纸簾方法的名称，连四是其中最优选的方法，产出的纸最优，所以称连四纸。

但更为环保。"片纸不易得，措手七十二"，连四纸的制作工艺程序有七十二道，道道精湛，十分考究。制造过程的技术关键：一是水质，凡制作工程所用的水均不能有任何污染，须采用当地泉水；二是配药，采用水卵虫树，制成天然纸药，从原料到成品全过程，无任何化学制剂添加。由于原材料的无可替代性，以江西省铅山县现辖行政区域为产地范围的铅山连四纸成为了地理标志保护产品。

喜爱书画的徒步者可以到"千年纸都"寻得几方连四纸珍品，将武夷山水挥洒其上，武夷山的纸承着武夷山的景，美哉，美哉！

宣纸原料——青檀已渐危

宣纸的主要原材料是青檀皮。青檀，又名翼朴，是一种高达20米或20米以上的稀有乔木，为中国特有的单种属。零星或成片分布于中国19个省份。由于人类活动对自然植被破坏，致使青檀被大量砍伐，分布区逐渐缩小，林相残破，有些地区残留极少，已不易找到。

（文 / 张兆晖）

十三、仙霞古道串起廿八都古镇

在武夷山国家森林步道线路中，有一条千年古道——仙霞古道，绵延于福建、浙江、江西3省交界处的仙霞岭之中，由仙霞古道串起廿八都古镇，它们有什么样的故事，又是如何结缘的呢？

仙霞古道与廿八都古镇缘起

唐末（878年），中国历史上发生了著名的农民起义——黄巢起义，农民起义首领黄巢，率领起义军攻打福建，被浙闽边界仙霞岭阻挡，于是，劈山开道上百公里，打通了浙江仙霞岭至福建建州（今建瓯）通道，形成了著名的仙霞古道，在仙霞岭的小镇建立驿站。北宋时期（1071年），浙江南部设都44个，此地小镇排行28，得名“廿八都”，从此廿八都有了历史记载。

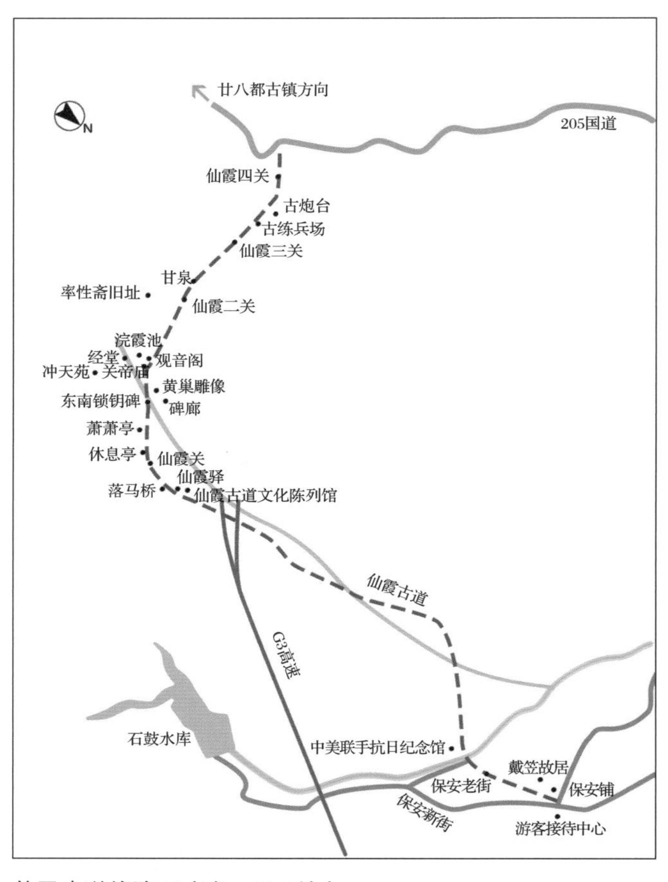

仙霞古道线路图（张　勇/绘）

仙霞古道雄关漫步

仙霞古道北起浙江江山市，南至福建浦城，全长120.5公里。黄巢起义军沿仙霞古道进入福建，也造就了新的军事要塞，从此仙霞岭成了历代兵家必争之地。四面关隘，北面

仙霞古道（张　燕 / 摄）

为仙霞关，后又在仙霞古道上设三重关门，二关、三关、四关，仙霞关为一关，史称“仙霞古道雄关”。

仙霞古道从江山保安乡至龙井段，长度约5公里，路面较为完好，麻石垒砌的古道路面，宽达2～3米，呈“之”字形，曲折盘绕。可由仙霞关徒步至四关，大约4小时。一路鲜有人迹，山间零星散落着几个村子，满山竹子和茶树。

从仙霞关至二关，长约1公里，有1195级台阶，路宽约2米。二关是仙霞岭的最高处。二关至三关，约1公里，87级台阶。三关至四关，古道即盘绕向下。四关外四关之后道路被植被覆盖淹没。五关已坍塌。

仙霞关

仙霞关两边高山崇岭，乃“一夫当关，万夫莫开”！是中国四大古关口之一。仙霞岭异常的险峻。郁达夫在《仙霞纪险》中写道：“要看山水的曲折，要试车路的崎岖，要将性命和命运去拼拼，想尝尝生死关头，千钧一发的冒险异味的人，仙霞岭不可不到。”

仙霞关关口（张　燕/摄）

廿八都古镇古往今来

至今已有900余年历史的廿八都作为仙霞古道的重要驿站，凭借古道迅速繁荣起来。随着仙霞古道由最初军事功能到清代逐渐转换成为商旅必行要道，廿八都也成为3省边境的商贸枢纽，南北货物的集散地。鼎盛时期，商行店铺、饭馆客栈布满了大街，日行肩夫，夜歇客商，南来北往，熙熙攘攘，富足繁华了数百年之久。各地移民纷至沓来，经过漫长岁月的交流，融合，逐渐成为了一个具有独特魅力的移民小社会。始于唐代，繁盛于明、清的小小古镇廿八都，镇上有4500户人家，9种方言和130余个姓氏。3省边界的地理位置和历史上的频繁战争、屯兵、移民，使廿八都成为“方言王国”和名副其实的“百姓古镇”。

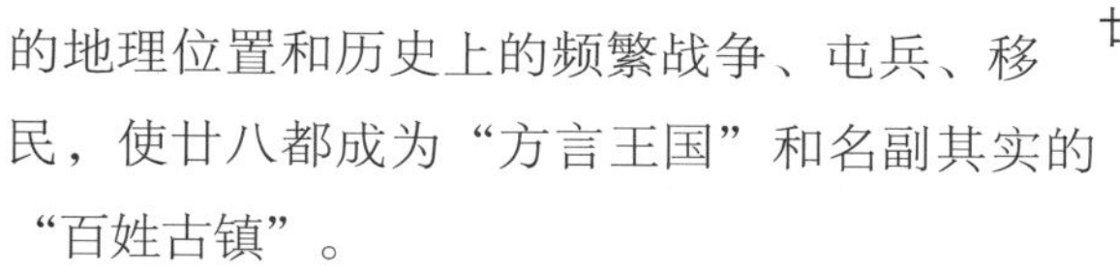

廿八都古镇（张　燕 / 摄）

枫溪老街，古镇自北向南长条形布局，保存完整的古建筑群错落有致。一条石板商贸古街，与两条小溪平行，形成“双溪夹街”格局。枫溪水穿镇而过，长达1公里，青山绿水，黛瓦青墙。老街两旁木质二层楼作为店铺，古色古香的招牌、店幌，带人穿越时光。悠闲地在阳光下细细品赏，招牌的古朴，时尚的语言都让人忍俊不禁，通俗有趣却寓意化人，也成为古镇的诚信商业文化。

与众多古镇相比，廿八都古镇依然是“藏在深山人未识”，可那山岭、古道、雄关、村落，那质朴而繁华的古镇风韵，又怎能不成为人们心中向往的“诗和远方”！

廿八都古镇商家趣味招牌（张　燕 / 摄）

烂柯山

步道沿线景点——烂柯山被誉为“围棋仙山”，位于衢州市东南11公里处。相传围棋之根在烂柯山。晋时有一位樵夫到山上砍柴，见二童子在下围棋，便放下斧子，坐在一旁观看。一局未终，童子对他说，看，你的斧柄烂了，樵夫用手一抓，果然斧柄已烂在地上抓不起来，樵夫回到村里，发现人已都不相识，方知所遇为仙人，“天上一天，人间千年”，世上已过了数十年。后人便把此山称为烂柯山，并把烂柯作为围棋的别称，至今仍用于国内外棋刊。

（文 / 张　燕）

烂柯山天生石梁下的围棋布阵（张　燕 / 摄）

附件1

第一批国家森林步道推出的过程

一、国家森林步道前期工作

国家森林步道是一个全新的概念，也贯穿着新的理念，从2012年即开始谋划。基于对发展国家森林步道重要性、紧迫性的认识，国家林业局2015年初启动了相关工作。前期研究全球国家步道的发展，为我国的国家森林步道建设提供借鉴。

在对世界上主要国家的国家步道发展现状与经验系统研究的基础上，2015年组织编制了《国家森林步道》普及读本，2016年初编写了《世界国家步道发展概览》报告，以便提高公众对国家步道的概括了解；2016年12月出版了《国家森林步道——国外国家步道建设的启示》一书，对世界上主要国家的国家步道在政策与管理，建设与维护等方面进行了深入分析，并提出了我国国家森林步道建设的初步构想；2016年12月，《国家森林步道建设规范》林业行业标准通过专家审定，2017年6月国家林业局正式颁布，为国家森林步道建设的有序开展提供指引，并为国家森林步道的认定提供依据。

经过2年的系统研究，2017年初，启动第一批国家森林步道的线路选择、走向和重要节点的确定工作，并于9月在“2017中国森林旅游节”上发布第一批国家森林步道5条线路。同年11月，国家林业局正式发出通知，要求各地要充分认识国家森林步道建设的重要性，加快推进国家森林步道线路和节点建设，加快规划和完善配套设施和服务，积极探索经营管理模式，努力发挥国家森林步道在建设生态文明、满足公众需求、促进区域发展中的巨大潜力。标志着国家森林步道建设正式由前期准备阶段进入到建设实施阶段。

二、国家森林步道线路确定过程

（一）第一批国家森林步道选线工作安排

1. 工作内容

国家森林步道线路的选定以确定大线路为主，包括确定步道的区域、线路走向、重要节点，调查了解沿线主要森林旅游地概况，了解线路的建设现状，收集自然与历史文化信息，标明已经能够行走的路段，步道线路上的其他路段在随后的时间里逐步研究、踏查确定。

2.　基本条件

选出的步道具备国家代表性，能够反映我国森林的特点，体现林业建设成果与形象，对公众有强大的吸引力和影响力，已经具备一定的行走条件。具体要满足下列5个基本条件，即：

位于我国主要山脉；

穿越步道所在区域的典型森林；

串联各类自然和文化遗产地，包括自然保护区、森林公园、湿地公园、沙漠公园等保护地，以及古村镇和古道等；

线路全长达到500公里以上；

具备一定基础和进一步建设的条件。

3.　基本程序

国家森林步道推出及选线工作由国家林业局谋划、组织和协调。通过征求有关专家和步道途经的相关各省份林业主管部门的意见和建议，确定线路的大致走向。

地方林业技术部门配合调研和实地踏勘，基本确定线路的走向、重要节点等。

组织召开研讨会，征求森林步道建设相关人员的意见。修改完善后，经一定程序确认后发布国家森林步道线路。

（二）第一批国家森林步道实地选线、研讨及勘察工作

2017年，国家森林步道踏查团队在第一批国家森林步道途径的各省份进行调研，在此期间，与各地林业部门、森林旅游地、户外徒步团队等进行研讨，基本确定线路的走向、重要节点，并进行实地踏查。了解路段的路面、沿途自然与历史文化资源、外围大交通及服务配套等情况。

秦岭国家森林步道　陕西省林业厅相关人员简要介绍了秦岭的重要性及良好的生态环境，丰富的人文历史、数条知名的古驿道都十分适合布设国家森林步道。经国家森林步道选线踏查团队与陕西省林业厅人员对于秦岭国家森林步道的预选线路的共同探讨，初步选定秦岭国家森林步道陕西省部分沿北秦岭和中秦岭间的断裂带布设，并以中秦岭为主线，向南北进行摆动，串联秦岭腹地优秀的景观。

太行山国家森林步道　山西省森林公园管理中心对太行山国家森林步道的基本走向表示认可，对太行山国家森林步道经过山西千里太行画廊这段最精华的部分表示十

秦岭国家森林步道（张兆晖 / 摄）

太行山国家森林步道沿线景观（谷　雨 / 摄）

分认同。认为太行山国家森林步道的南段线路应向中条山、运城方向延伸到五老峰附近。并提出了宗教文化圣地、农业学习典型名村两项步道沿线兴趣点。国家森林步道选线踏查团队认为太行山国家森林步道主要沿太行山主脊方向，暂时不延伸至其他山脉，因此五老峰线路不列入步道主线。并根据山西省林业厅意见，将部分路段设置于河北省井陉至峻极关，该段景观资源更为丰富。

北京市园林绿化局全力配合太行山（北京段）国家森林步道的选线工作，指派了工作人员专门负责相关事宜，并对步道选线提出了重要的意见和建议。北京市园林绿化局认为步道初步线路中十渡到百花山一带和霞云岭一带地势比较险要，建议改线到河北境内。从小龙门开始进入北京后，沿京西古道，走斋堂，穿过永定河峡谷到汤河口。北段八道河人烟稀少，森林茂密，建议改道七道河。选线踏查团队认为永定河峡谷低处是机动车道，所以步道走线可以与峡谷走向平行，沿爨底下村鹫峰一带行进。八道河村庄外迁后，还保留了不少山间小路，正是国家森林步道建设的基础，同时更能体现自然荒野性。

大兴安岭国家森林步道 内蒙古林业厅组织讨论会，与步道选线踏查团队就双方各自划定的初步的线路进行共同讨论。建议步道多利用现有防火隔离带、防火公路、护林小路等，并可将林区管护站等基础设施作为步道周边配套设施。内蒙古林业厅建议积极与大兴安岭重点国有林区管理局沟通，并建议政府其他相关部门共同参与到国家森林步道建设中来。

大兴安岭国家森林步道骑行（班 勇 / 摄）

罗霄山国家森林步道（江西省林业厅 / 供）

内蒙古大兴安岭重点国有林区管理局向步道选线踏查团队介绍了大兴安岭建设国家森林步道的良好的基础，即交通通达、服务驿站基础好、良好的数据库基础。经过讨论，对于一些情况达成一致性意见。兼顾景观多样性和生态保护，避免通过山脊动物通道、自然保护区核心区等生态敏感区。尽可能多地穿越多种类型。在徒步的基础上，在适合路段开放马道、越野自行车骑行道等功能。带动林场职工参与到国家森林步道经营、管护中来。

罗霄山国家森林步道 中南林业科技大学钟永德建议，罗霄山国家森林步道湖南段从幕阜山开始可到连云山再到汝城。步道选线考虑使用率，认为在罗霄山国家森林步道上设置上百个节点，方便使用。并可与长沙绿道进行对接，通过绿道、步道将人们带向山里。

江西省林业厅已布置步道涉及的县、市收集整理材料。并以县为单位设置了起始点，串联县域范围自然、文化资源。重点介绍了黄坳—遂川—陡水湖—阳岭一带的“鸟道”。选线踏查团队与江西省有关部门讨论了关于步道穿越收费景区的问题。步道选线需要进行权衡，将不会进入中心景区。若步道需穿越中心景区，可与景区进行协商，通过引导、许可证、在景区布设补给点等方式解决。

武夷山国家森林步道 福建省国有林场局对武夷山国家森林步道福建段初步线路提出一些修改方案，经过与步道选线踏查团队共同讨论，路线整体向东略有偏移，其中闽江源—冠豸山路段向东绕行，将三明市众多优质景观资源进行有效串联。武夷山

武夷山国家森林步道（武夷山野狼队/供）

国家森林步道充分利用福建众多的古道资源，注重对历史文化底蕴的挖掘及保护，带动古镇的发展。可以依靠支线或连接线串联这些吸引物。

三、国家森林步道推介情况

（一）第一批国家森林步道推介会

2017年9月25~27日，2017中国森林旅游节在上海市举办。25日下午，2017全国森林旅游产品推介会召开。国家林业局森林旅游办公室副主任杨连清主持了森林旅游产品推介会，通过图片、视频、宣传手册等多种方式，向社会隆重推介一批森林旅游产品，第一批国家森林步道5条线路正式发布，分别是秦岭国家森林步道、太行山国家森林步道、大兴安岭国家森林步道、罗霄山国家森林步道、武夷山国家森林步道。

北京诺兰特生态设计研究院院长班勇博士介绍了5条国家森林步道的基本情况。第一批5条国家森林步道位于我国东北、华北、中部、华东、中南地区。单条步道上千公里，总长度上万公里。国家森林步道是未来“国家步道”的基础线路和重要组成。第一批国家森林步道穿越100多个自然遗产地，包括国家森林公园、国家级自然保护区、国家公园等，展示着中华大地雄伟的自然与景观、深厚的历史与文化。推介会上还播放了国家森林步道宣传片，展示了第一批5条国家森林步道的基本构成及沿途的景观与文化特色，使徒步者在行走中体验荒野，亲身感受自然之美、人文之美。

国家森林步道推介会（国家林业和草原局森林旅游管理办公室/供）

（二）国家林业局关于公布第一批国家森林步道名单的通知

国家林业局文件

林场发〔2017〕127号

国家林业局关于公布第一批国家森林步道名单的通知

各省、自治区、直辖市林业厅（局），内蒙古、吉林、龙江、大兴安岭森工（林业）集团公司，新疆生产建设兵团林业局，国家林业局各司局、各直属单位：

国家步道是指穿越生态系统完整性、原真性较好的自然区域，串联一系列重要的自然和文化点，为人们提供丰富的自然体验机会，并由国家相关部门负责管理的步行廊道系统。欧美国家近百年的成功实践表明，国家步道是国家基础设施建设的重要组成部分，是国家形象的重要组成元素，是肩负着生态教育、遗产保护、文化传承、休闲服务、经济增长等诸多使命的自然与文化综合体。

当前，随着公众森林旅游需求的日趋多样化，长距离徒步穿越自然区域已成为需求增长最快速的方向之一。为了推动我国的国家步道体系建设，更好地满足公众日益增长的自然体验需求，我局决定以大山系、大林区为基础，推动一批国家森林步道建设，

— 1 —

联合多方力量，逐步提高建设管理水平和经营服务水平。经组织长期研究和实地调查论证，秦岭、太行山、大兴安岭、罗霄山、武夷山等5条线路具有较好的基础，已具备国家森林步道建设的基本条件，现予公布（见附件）。

各地要充分认识国家森林步道建设的重要性，加快推进国家森林步道线路和节点建设，加快规划和完善配套设施，积极探索经营管理模式，努力发挥国家森林步道在建设生态文明、满足公众需求、促进区域发展中的巨大潜力，为实现绿色惠民绿色富民绿色强民做出积极贡献。

特此通知。

附件：第一批国家森林步道及其基本情况

2017年11月13日

— 2 —

附件2

第一批国家森林步道的社会反响

一、媒体反响

在2017年9月25日中国森林旅游节上，国家林业局正式对外发布第一批国家森林步道。国家林业局森林旅游管理办公室副主任杨连清在会上致辞：国家森林步道是中华民族的地理地标、生态地标和文化地标，未来，国家森林步道是“国家步道”的基础线路和重要组成。

（一）报纸与网络媒体

5条线路发布之后，各界媒体纷纷聚焦森林步道。《文汇报》《新民晚报》《中国绿色时报》《河南日报》《湖南日报》等均对国家森林步道进行整版报道，新华网、中国森林旅游网、东南网、新浪旅游、搜狐旅游、网易新闻等网络媒体对5条国

14 新民晚报 生态上海

5条国家森林步道 让你体验大美自然

我国已建立827座国家级森林公园

秦岭国家森林步道

太行山国家森林步道

大兴安岭国家森林步道

罗霄山国家森林步道

武夷山国家森林步道

15个冰雪旅游地 等你去玩

安信扶贫公益跑传递正能量

《新民晚报》关于5条国家森林步道的报道

湖南印象 湖南日报 19

夏无酷暑冬无严寒，罗霄山国家森林步道 深藏四大湖湘美景地

行走“国家森林步道”，穿越湖湘山水

《湖南日报》关于5条国家森林步道的报道

家森林步道的走向、基本情况、沿途风光进行宣传，引起了众多读者和网友的热议。

（二）专刊报道

2017年12月，中国绿色时报社邀请国家森林步道的管理者、规划者和徒步者就国家森林步道的规划管理、研究设计、徒步体验等不同方面进行深入访问，详细回答了：为什么要建国家森林步道、国家森林步道怎么建、国外国家步道的启示、国家森林步道的特色、第一批国家森林步道的确定、国家森林步道建设的时间表等问题，向社会各界与人民群众普及国家森林步道的概念与含义。

《绿色时报》关于国家森林步道的新年特刊

（三）媒体评选

2017年底，《中国科学报》评选出2017全国生态文明建设5件大事，国家森林步道与国家公园、秦岭国家植物园、塞罕坝林场、土地覆被地图集一起，成为我国2017年生态文件建设的标志性事件。《中国绿色时报》的新年特刊也将森林步道列为2017中国森林旅游的九大热词之一，体现出人民群众对森林步道的关注与热爱。

（四）杂志专刊

除报纸与网络媒体外，《国土绿化》与《森林与人类》杂志也对国家森林步道进行报道。2017年10月，《国土绿化》将国家森林步道作为"封面聚焦"栏目，以"国家森林步道——脚步踏出的国家地标"为题进行重点报道。《森林与人类》杂志为国家森林步道专门出版一期加厚版特刊，作为2018年的第一期进行宣传，就国家森林步

《森林与人类》杂志国家森林步道特刊

《国土绿化》杂志报道国家森林步道

道的建设思考，国家森林步道的国家代表性、自然荒野性，以及国家森林步道的构成及风貌控制等百姓关注的话题刊登文章，同时对秦岭、太行山、大兴安岭、罗霄山以及武夷山5条国家森林步道分别进行了详细生动的介绍。

二、社会反响

除了新闻媒体对国家森林步道聚焦之外，政府官员、专家学者、徒步达人也纷纷发表文章，表达对国家森林步道适时推出的肯定。贵州省野生动物和森林植物管理站专家在《中国绿色时报》发表文章：西南更需要国家森林步道，表达出西南地区人民对于森林步道的渴望。全国政协委员在2018年的全国人大和全国政协会议上进行提案——加快国家森林步道建设，满足人民美好生活需要。徒步达人也纷纷表示：国家层面能调动的保护是地方和企业等民间力量所不能比拟的，国家森林步道更重视生态保护，并分享了国外国家公园和国家步道建设在无痕、环保、社区建设方面的先例。

编后语

《2018行游国家森林步道》由国家林业和草原局森林旅游管理办公室和北京诺兰特生态设计研究院编著，对第一批5条国家森林步道进行了详细描述，为大众认识森林步道，感受祖国自然之美、人文之美提供了重要借鉴。

在本书的编纂过程中，北京益生同德投资有限责任公司在国家林业和草原局森林旅游管理办公室的指导下，在景区资料收集、图书出版等方面提供了重要帮助。在此，谨对北京益生同德投资有限责任公司的鼎力支持表示衷心感谢。

国家森林步道是国家基础设施建设的重要组成部分，是国家形象的重要组成元素，是肩负着生态教育、遗产保护、文化传承、休闲服务、经济增长等诸多使命的自然与文化综合体。加快推进国家森林步道线路和节点建设、规划和完善配套设施、积极探索经营管理模式是国家森林步道建设的重中之重，为此愿社会各界一起共同努力，充分发挥国家森林步道在建设生态文明、满足公众需求、促进区域发展中的巨大潜力，力争为实现绿色惠民、绿色富民、绿色强民做出积极贡献。

编辑委员会

2018 年 10 月

北京益生同德投资有限责任公司

北京益生同德投资有限责任公司（以下简称“益生同德”）成立于2013年，作为第一代进入生态康养的民营企业，益生同德首开现代健康生活先河，倡导新型会员制康养度假理念，结合“健康”文化与俱乐部运营机制重塑“生态”文化；秉承生态优先，以促进和改善人们的生活为目标，大力发展文化旅游、康养旅游事业，推动个性化旅游成为人们改善生活品质、追求高质量生活的催化剂和必需品，为人们身心修养提供理想的天然居所。

多年来益生同德响应国家政策，紧紧跟随“美丽中国，美丽乡村”“既要金山银山，也要绿水青山”的国家战略，始终关注并发展生态康养事业，现拥有北京延庆蒲公英生态农场、河北任丘益生康养中心，并在国家中部、南部进行战略布局，开发更多优质森林康养基地。

北京益生同德投资有限责任公司以良好的信誉、满意的服务、高度的社会责任感赢得了广大客户和社会各界的广泛赞誉，规范企业管理，打造一流团队，制造一流产品，创造一流企业，为实现更宏伟商业蓝图、更优社会效益不懈努力。

主营业务

文化旅游

随着旅游业发展模式由经济型向经济—文化型转变，旅游文化也开始受到广泛关注。旅游主体是旅游活动的核心，旅游主体在旅游过程中会形成一套相对独特的观念和行为，即一种文化形态。旅游主体文化具有自己鲜明的特征，主要表现为规范性、多样性、时代性和扩散性。

森林康养

森林具有特殊的身心健康功能，这是由于森林可以释放出植物杀菌素（芬多精），它可以增强人体免疫力，明显抑制癌细胞生长，具有特殊的医学功能。森林康养的流行对提升国民健康指数具有重要意义。

文娱游学

根据现有生态资源优势及游学市场需求，提供相应游学场地和自然、人文环境，打造优质游学基地；依据个人需求定制游学方案，为国内外儿童创造游学体验的绝佳场所。

自然教育

从教育形式上说，自然教育是以自然为师的教育形式。自然教育应该有明确的教育目的、合理的教育过程、可测评的教育结果，实现儿童与自然的有效联结，从而维护儿童智慧成长、身心健康发展。

核心模式

一、科学、系统化的调研以获取会员的需求

1. 通过ERP系统及定位系统实现社区数字化管理，自动记录会员各项生活信息。
2. 通过定期的会员调查沟通，获取会员需求。
3. 目前已积累了13000多位会员，三大类上百项的信息，建立了一套以会员生活模型为核心的研究体系。

二、细致、全方位的第三方选择标准和督查体系

1. 遴选逾70家业态合作商，选出最优的业态和产品。
2. 对服务进行日常数据统计及月度会员满意度调查。
3. 分月度、季度与业态服务商沟通协调并根据服务质量进行奖励或处罚。

三、自主研发的ERP管理平台使服务流程精细化、标准化

1. 采用模块化配置式的设计，可为会员经营管理快速定制、输出信息管理平台。
2. 会员可通过平台查询信息和自己的健康报告。

合作方式

益生同德专注于生态康养及文化旅游项目的投资、开发、运营管理。不论您在文化旅游、生态康养领域的融资、规划、运营和管理以及文化旅游、生态康养服务方面有怎样的需求，益生同德都可以提供相应的合作。

注资控股或收购

项目投资建设合作

单业态或营运合作

林业指导合作

益生同德项目摘要

北京益生同德蒲公英生态农场坐落于“全国最具投资价值小镇”的北京市延庆区旧县镇，其背靠太安山森林公园，毗邻龙庆峡自然风景区，生态环境宜人，自然风景秀丽，设施设备齐全，服务尽善尽美，是自然景观与人文景观相交融的旅游康养观光胜地。

作为大型体育休闲旅游观光园，北京益生同德蒲公英生态农场建设有森林康养、国学养生、农事体验、萌宠乐园、高空拓展、真人CS、军事科普、红色教育、森林露营、特色住宿、房车体验、农家餐饮等多种项目；其以延庆农林资源为依托、以森林为载体、以精品大康养为支撑、以休闲度假和自然教育为核心，集吃、住、行、游、购、娱等服务于一体，成为游客学习体验、修身养性、回归自然的绝佳之所。

延庆素有北京“夏都”之称，气候凉爽，林业资源丰富，坚持生态涵养功能定位，大力发展绿色生态产业。北京益生同德蒲公英生态农场与延庆生态定位相契合、与京津冀区域发展规划相协调，通过森林康养、自然教育、休闲旅游、体育活动等多种业态相互支撑、综合发展，将分阶段、分步骤打造京北旅游胜地，成为“京张体育文化旅游带”上的新明珠！